似至晦,實至明;似至繁,實至簡;似至難,實至易

打開傳說中的書
About ClassicsNow.net

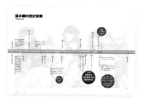

關鍵時間、人物、地點，在書前有簡明要點。

「1.0」：以跨越文字、繪畫、攝影、圖表的多元角度，破解經典的神秘符號。

「2.0」：以圖像來重現原典，或者重新做創作性的詮釋。

　　大約一百年前，甘地在非洲當律師。有天，他要搭長途火車，朋友在月台上送了他一本書。火車抵站的時候，他讀完了那本書，知道自己的未來從此不同。因為，「我決心根據這本書的理念，改變我的人生。」

　　日後，甘地被稱為印度聖雄的一些基本理念與信仰，都可溯源到這本書*。

◎

　　閱讀，可以有許多收穫與快樂。

　　其中最神奇的是，如果我們有幸遇上一本充滿魔力的書，就會跨進一個自己原先無從遭遇的世界，見識到超出想像之外的天地與人物。於是，我們對人生、對未來的認知與準備，截然改觀。

◎

　　充滿這種魔力的書很多。流傳久遠的，就有了「經典」的稱呼。

　　稱之為「經典」，原是讚嘆與敬意。偏偏，敬意也容易轉變為敬畏。因此，不論中外，提到「經典」會敬而遠之，是人性之常。

　　還不只如此。這些魔力之書的內容，包括其時間與空間的背景、作者與相關人物的關係、遣詞用字的意涵，隨著物換星移，也可能會越來越神秘，難以為後人所理解。

　　於是，「經典」很容易就成為「傳說中的書」──人人久聞其名，卻沒有機會也不知如何打開的書。

我們讓傳說中的書隨風而逝，作者固然遺憾，損失的還是我們。

每一部經典，都是作者夢想之作的實現；每一部經典，都可以召喚起讀者內心的另一個夢想。

讓經典塵封，其實是在封閉我們自己的世界和天地。

◎

何不換個方法面對經典？何不讓經典還原其魔力之書的本來面目？

這就是我們的想法。

因此，我們先請一個人，就他的角度，介紹他看到這部經典的魔力何在。

再來，我們以跨越文字、繪畫、攝影、圖表的多元角度，來打開困鎖住魔力之書的種種神秘符號。

然後，為了使現代讀者不會在時間和心力上感受到太大壓力，我們挑選經典原著最核心、最關鍵的篇章，希望讀者直接面對魔力之書的原始精髓。此外，還有一個網站，提供相關內容的整合、影音資料、延伸閱讀，以及讀者互動的可能。

因為這是從多元角度來體驗經典，所以我們稱之為《經典3.0》。

◎

最後，我們邀請的就是讀者，您了。

您要做的唯一的事情，就是對這些魔力之書的光環不要感到壓力，而是好奇。

您會發現：打開傳說中的書，原來就是打開自己的夢想與未來。

「3.0」：經典原著中，最關鍵與最核心的篇章選讀。

ClassicsNow.net網站，提供相關影音資料及延伸閱讀，以及讀者的互動。

*那本書是英國作家與思想家羅斯金（John Ruskin）寫的《給未來者言》（Unto This Last）。

經典3.0
ClassicsNow.net

沒有王者之路

幾何原本
The Elements

歐基里得 原著

翁秉仁 導讀

AKIBO 2.0繪圖

他們這麼說這本書
What They Say

插畫：張高陽

那種清澈跟確定
的感覺，
讓我留下難
以形容的印象

愛因斯坦（Albert Einstein）

 1879 ～ 1955

 當愛因斯坦十二歲時接觸到這本書，讀到關於三角形的三高交會於一點時，感到印象深刻，「書上以不容置疑的確定，證明了這個命題，那種清澈跟確定的感覺，讓我留下難以形容的印象」。

羅素（Bertrand Russell）

 1872 ～ 1970

英國哲學家，為二十世紀最有影響力的思想家之一。他在《西方哲學史》中指出：「歐基里得的《原本》毫無疑義是古往今來最偉大的著作之一，是希臘理智最完美的紀念碑之一。」

希臘理智最完美的
紀念碑之一

易生於簡，
簡生於明，
綜其妙在明而已

徐光啟

 1562 ～ 1633

明末學者，譯《幾何原本》。他評論《原本》時指出：「此書有三至三能：似至晦，實至明，故能以其明明他物之至晦；似至繁，實至簡，故能以其簡簡他物之至繁；似至難，實至易，故能以其易易他物之至難。易生於簡，簡生於明，綜其妙在明而已。」指出幾何的學習一旦通曉便覺明白容易，但若是不懂則倍感艱澀繁雜。

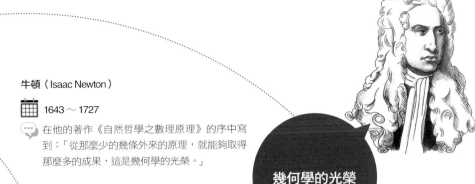

牛頓（Isaac Newton）

📅 1643～1727

💬 在他的著作《自然哲學之數理原理》的序中寫到：「從那麼少的幾條外來的原理，就能夠取得那麼多的成果，這是幾何學的光榮。」

幾何學的光榮

演示人類如何從混沌中建立起深刻的秩序

翁秉仁

📅 1960～

💬 這本書的導讀者翁秉仁，現任台灣大學數學系副教授。他認為《原本》的成就在於建立一座典範。它演示人類如何從混沌中建立起深刻的秩序，讓我們感受到宇宙真的可以理解，知道大自然背後的確可能有著一套隱藏的秩序，而且人類有方法掌握它。

你

📅 ？

💬 在二十一世紀此刻的你，讀了這本書又有什麼話要說呢？請到ClassicsNow.net上發表你的讀後感想，並參考我們的「夢想實現」計畫。

你要說些什麼？

和作者相關的一些人
Related People

插畫：張高陽

畢達哥拉斯
Pythagoras

💬 公元前570～前495年

古希臘哲學家與數學家，生於薩摩亞，曾遊歷埃及，之後移居義大利南部，成立「畢達哥拉斯學派」，為一個結合學術與宗教的秘密社團，最後死於塔藍托。他最知名的成就是「畢氏定理」，證明了「在一個直角三角形中，兩股的平方和等於斜邊的平方」。

歐基里得
Euclid

💬 約公元前330～約前260年

古希臘數學家，被譽為「幾何之父」。早年曾在亞歷山卓圖書館工作，此時也是他思想活躍的黃金時期。最知名的著作是成為歐洲數學基礎的《原本》，另有《光學》等作品。後世對他的了解甚少，僅能從之後的數學家如帕普斯與普洛克勒斯的作品確定其生平。

阿基米德
Archimedes

💬 公元前287～前212年

著名的古希臘數學家與物理學家，生於西西里島，受到父親影響，自小便喜愛數學。早年曾至亞歷山大圖書館跟隨許多學者學習，奠定日後研究的基礎。

阿波羅尼斯
Apollonius

約公元前262～前190年

希臘幾何學家，根據帕普斯的著作指出，他早年曾至亞歷山卓學習，後至小亞細亞沿岸的帕加馬王國。他在此地完成巨作《圓錐曲線論》八卷，為圓錐曲線的經典名著，他的研究啟發了許多重要學者如托勒密、牛頓等人。

丟番圖
Diophantus

約公元246～330年

為古希臘數學家，在二次方程式的成就最高，被譽為「代數之父」。其著作《算術》討論了許多不定方程式，今日稱不定方程式為「丟番圖方程式」，他的墓誌銘為一代數題，被收錄在約公元500年前後的《希臘詩文選》中。

海芭夏
Hypatia

公元370～415年

希臘的女性數學家，父親西翁為亞歷山卓博物館的研究員，居住在亞歷山卓城，她是城中柏拉圖學派的領導人，主講哲學與數學。曾對丟番圖、阿波羅尼斯、托勒密等人的作品做過評注，但現今均未流存。並無肖像傳世，但後世皆認為她是拉斐爾《雅典學院》畫中的白衣女子。

這本書的歷史背景
Timeline

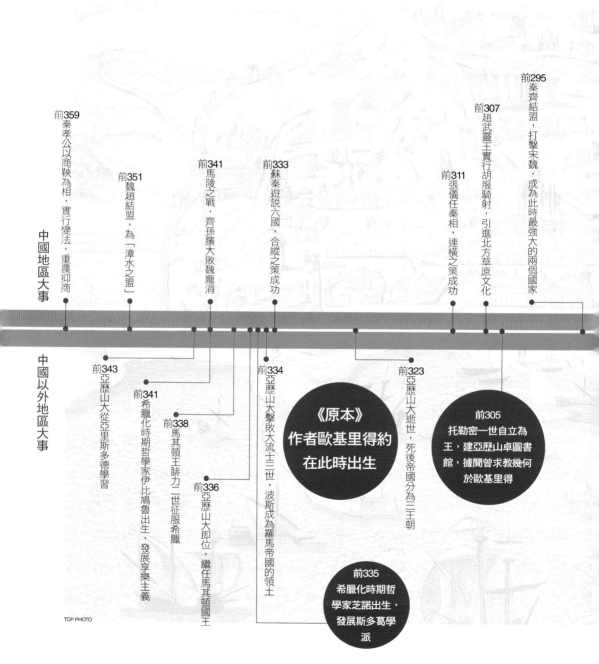

中國地區大事

前359
秦孝公以商鞅為相，實行變法，重農抑商

前351
秦魏趙結盟，為「漳水之盟」

前341
馬陵之戰，齊孫臏大敗魏龐涓

前333
蘇秦遊說六國，合縱之策成功

前311
張儀任秦相，連橫之策成功

前307
趙武靈王實行胡服騎射，引進北方草原文化

前295
秦齊結盟，打擊宋魏，成為此時最強大的兩個國家

中國以外地區大事

前343
亞歷山大從亞里斯多德學習

前341
希臘化時期哲學家伊比鳩魯出生，發展享樂主義

前338
馬其頓王腓力二世征服希臘

前336
亞歷山大即位，繼任馬其頓國王

前334
亞歷山大擊敗大流士三世，波斯成為羅馬帝國的領土

前323
亞歷山大逝世，死後帝國分為三王朝

《原本》
作者歐基里得約
在此時出生

前305
托勒密一世自立為王，建亞歷山卓圖書館，據聞曾求教幾何於歐基里得

前335
希臘化時期哲學家芝諾出生，發展斯多葛學派

TOP PHOTO

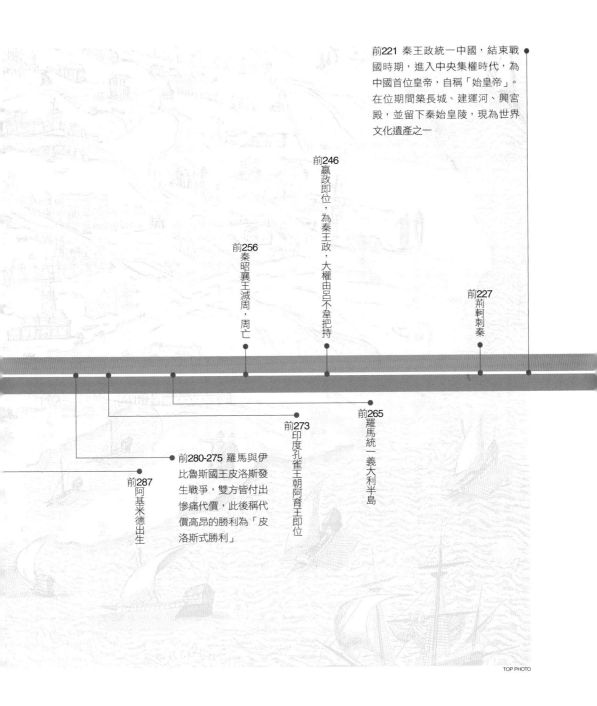

前221 秦王政統一中國，結束戰國時期，進入中央集權時代，為中國首位皇帝，自稱「始皇帝」。在位期間築長城、建運河、興宮殿，並留下秦始皇陵，現為世界文化遺產之一

前246 嬴政即位，為秦王政，大權由呂不韋把持

前256 秦昭襄王滅周，周亡

前227 荊軻刺秦

前265 羅馬統一義大利半島

前273 印度孔雀王朝阿育王即位

前280-275 羅馬與伊比魯斯國王皮洛斯發生戰爭，雙方皆付出慘痛代價，此後稱代價高昂的勝利為「皮洛斯式勝利」

前287 阿基米德出生

TOP PHOTO

7

這位作者的事情
About the Author

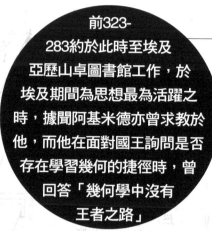

前323-283約於此時至埃及亞歷山卓圖書館工作,於埃及期間為思想最為活躍之時,據聞阿基米德亦曾求教於他,而他在面對國王詢問是否存在學習幾何的捷徑時,曾回答「幾何學中沒有王者之路」

前330約於此時出生,由於資料匱乏,後世多透過希臘學者普洛克勒斯與帕普斯的著作確定其生平

當時其他人的事情

前460-395 古希臘歷史學家修昔底德以《伯羅奔尼撒戰爭史》傳世,影響後世史家

前430 古希臘作家希羅多德始發表《歷史》,記敘波希戰爭,為後世史書典範,被稱為「歷史之父」

前381 墨子約於此時逝世,留下《墨子》傳世

1896
英國學者在埃及的俄克喜林庫斯挖掘古文物，之後發現以莎草紙書寫的《原本》，推測其年代為公元75年至125年，是最古老的《原本》

450 普洛克勒斯評注《原本》卷Ⅰ，為《幾何學發展概要》，是幾何學史重要史料，亦證實其為托勒密一世時期的人物

300-350 希臘數學家帕普斯評論《原本》的著作《數學匯編》，為研究希臘數學史的重要資料，證實其曾活躍於亞歷山卓

約於此時逝世，留下《原本》為古希臘數學發展的顛峰之作

早年於雅典學習，熟知柏拉圖學說

前347 柏拉圖逝世，留下《理想國》等經典著作傳世

前323 古希臘詩人卡利馬科斯約於此時出生，活躍於亞歷山卓圖書館時期完成《各科著名學者及其著作目錄》，被認為是古代最早的目錄之一

前280 韓非約於此時出生，著有《韓非子》為法家思想代表

前278 屈原逝世，留下傳世之作《離騷》

前270約於此時，托勒密二世召集七十位猶太學者翻譯首部希臘文的《舊約聖經》，稱為《七十士譯本》

前260古希臘學者與亞歷山卓圖書館第一任館長澤諾多托斯約於此時逝世，其為《奧德賽》與《伊利亞德》的首位校注者

TOP PHOTO

9

這本書要你去旅行的地方
Travel Guide

英國

● 牛津：牛津大學

在自然史博物館中，置有一座歐基里得石像，而賽克勒圖書館則藏有以莎草紙書寫的《原本》圖表。

義大利

● 梵諦岡：梵諦岡博物館

藏有文藝復興時期畫家拉斐爾的壁畫《雅典學院》，集古希臘羅馬時期與當代義大利的知名學者於一堂，是對於西方文明智慧的讚嘆。畫中出現許多知名人物如柏拉圖、亞里斯多德，以及歐基里得。

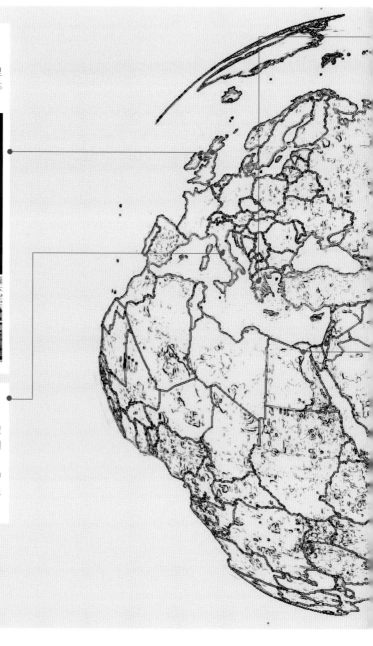

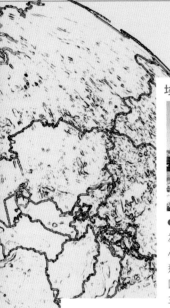

希臘

TOP PHOTO

埃及

● 雅典：雅典學院

雅典學院、雅典大學與國家圖書館並立於學院大道上，建築風格仿希臘古典時期。據聞歐基里得曾求學於雅典，今日雖已無從考掘，然而興建於十九世紀的雅典學院仍能作為提供後世遊覽、思考古希臘智識文明的重要處所。

● 亞歷山卓：亞歷山卓城

為托勒密王朝的重要知識與文明中心，托勒密一世時期，歐基里得曾應邀至此進行研究。現今有亞歷山卓國家博物館，藏品以希臘羅馬時期為主，以及亞歷山卓燈塔等遺跡。

TOP PHOTO

● 國家考古博物館

興建於1866年，為希臘最大的古文物博物館，收藏了近兩萬件的古希臘文物，為了解古希臘各階段文明的重要博物館。

● 亞歷山卓圖書館

在亞歷山卓城內，亞歷山卓圖書館為托勒密一世建立，藏有《原本》與歐基里得的真跡，之後毀於祝融，藏物無一倖存。今亞歷山卓圖書館為2002年於亞歷山卓港北邊重建，成為復興古代文明的重要象徵。

● 貝納基博物館

為希臘知名的私人博物館，藏品將近三萬件，最富價值的是古希臘、拜占庭的工藝品與珠寶。

經典3.0
ClassicsNow.net

目錄 沒有王者之路 幾何原本
Contents

封面繪圖：張高陽

《原本》的重要性是遺產性的，雖然它作為空間真理的意義受到挑戰，它的幾何氣味顯得太過偏執，但是它應用廣泛的數學內容，以及理性思維的意涵，卻已經透過各種教科書、著作以及教育系統影響到所有人。作為一本經典，《原本》的地位不容置疑。

同平面內一條直線和另外兩條直線相交，若在某一側的兩個內角的和小於二直角，則這二直線經無限延後在這一側相交。

1.0

導讀

翁秉仁

1960年生，1991年美國加州大學博士，現任國立台灣大學數學系副教授，研究興趣為拓樸學與幾何學，「數學知識網站」的負責人

要看導讀者的演講，請到ClassicsNow.net

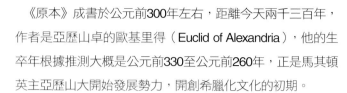

亞歷山大大帝 是馬其頓王國的名主，繼承父親統治希臘各城邦。他自小從亞里斯多德學習，眼光開闊。公元前334年，他出兵波斯，開始了長達十三年的長征，足跡遍布北非、中亞，遠至印度北方，將當時已知世界全部納入帝國版圖。公元前323年，亞歷山大大帝卒於巴倫，年僅三十三歲。他在尼羅河口聱建新城亞歷山卓，最後遺體也送回此地埋葬，當時的將軍托勒密後來統治埃及，建立托勒密王朝。亞歷山大大帝的影響是建立希臘化文化，隨著希臘人的殖民，將希臘文化播及埃及、西亞、中亞，至公元前30年托勒密王朝亡於羅馬人才告終。

《原本》成書於公元前300年左右，距離今天兩千三百年，作者是亞歷山卓的歐基里得（Euclid of Alexandria），他的生卒年根據推測大概是公元前330至公元前260年，正是馬其頓英主亞歷山大開始發展勢力，開創希臘化文化的初期。

亞歷山卓位於地中海南岸，是亞歷山大大帝在尼羅河口興建的城市，他希望亞歷山卓成為世界的中心。不過在興建半年後，他就整軍征討異地，一輩子不曾再回來過。直到他死後，遺骨才送回亞歷山卓埋葬。他將這座城市最後託付給將軍托勒密（不要和天文數學家托勒密搞混了）。托勒密在亞歷山卓封王，托勒密王朝在當地統治了數百年。亞歷山卓是希臘化時代的名城，繼承了豐美的希臘文化，城中的亞歷山卓圖書館更是當世最好的圖書館、也是後世圖書館的典範，吸引了地中海區域的優秀學者聚集。歐基里得便是在這樣的背景下，在亞歷山卓生活、研究、著作。

謎樣般的歐基里得

不過，關於歐基里得的生平，包括《原本》的作者是否真的是他，資料非常少。歐基里得的生平記載，主要來自數學家帕普斯與新柏拉圖主義者普洛克勒斯的著作。他們都是公元後數百年的人，他們談起歐基里得，就像司馬遷談西周晚期一樣，相去六、七百年。當然他們的說法可能有所本，只是這些書都散佚了。

普洛克勒斯在他關於《原本》的評論中，提到該書的作者是亞歷山卓的歐基里得，他認為歐基里得曾經在柏拉圖聱建的雅典學園學習，或許是柏拉圖的再傳弟子。另外，因為阿基米德也曾經提過歐基里得的工作，因此可以大致推斷歐基里得的生卒年範圍。帕普斯則提到數學家阿波羅尼斯曾經在亞歷山卓，跟隨歐基里得的學生學習他的的思考方法，後來成就了阿波羅尼斯的大作《圓錐曲線論》。

《原本》是一本數學著作，章節安排有著嚴謹的結構，全

EUCLID.

（上圖）歐基里得人像

書由定義、公設、設準、命題（定理）、證明，以及符號和
圖像所構成。全書共十三卷，一到四卷基本上是幾何初步，
相當於現在國中幾何程度；五到六卷談的是比例和相似，也
是國中數學的題材；七到九卷是數論初步，包括因數、倍
數、質數，這些大致是國小和國中數學的材料。第十卷論及
無理數，不過內容以古希臘人擅長的幾何方法來處理，已經
熟悉以現代方法處理無理數的讀者，會覺得第十卷特別難
讀，對一般讀者更像是天書一樣。第十一到十三卷是立體幾
何，大概是高中的程度，但是和現在高中數學的處理方式差
異很大。

　　雖然《原本》的內容大致上是國高中程度的初等幾何以

（上圖）亞歷山卓城地圖，布
勞恩（Georg Braun）繪，約
畫於十六世紀末。亞歷山卓是
地中海區域重要港埠，也是埃
及托勒密王朝的首都，當時為
人文薈萃的希臘文明重鎮。

15

及基本數論，但是全書是一個整體，取材更深入、結構更嚴謹。事實上，《原本》是歐基里得將古希臘數學集大成的著作，包括了希臘科學數學家：泰利斯、畢達哥拉斯、希波克拉提斯、尤多瑟士等人的成果。不過光是講集大成，並不足以描述《原本》的重要性。

這本書流傳的各種版本

　《原本》原來應該是寫在紙草上，因為這是地中海沿岸常見的書籍材料，如果在中國可能就會刻在竹簡上。由於紙草書保存困難，除非奇幻考古的夢想成真，不然這份原稿應該已經失傳了。考古學家曾經在上埃及的古城奧克西林庫斯遺址，挖出一些希臘文的紙草書殘篇，上面繪著《原本》中以幾何圖解代數算式的圖形，不過這份手稿應該還是傳抄本的可能性居多。

　在十九世紀以前，《原本》最早有紀錄的希臘文版本，可以追溯到四世紀的西翁修訂本（他的女兒知名女數學家海芭夏也有參與），這個版本混有許多注釋和增補的成分，現存最早的抄本是888年君士坦丁堡的抄寫本。另外由於羅馬帝國的分裂衰頹，阿拉伯文明的興起，許多希臘典籍的保存，都是透過翻譯成阿拉伯文之後，再轉譯成拉丁文，傳回西方世界，現存已知最早的拉丁翻譯本是十二世紀英國學者的譯本。

　到了十九世紀，在梵諦岡藏書室又發現一份九世紀的希臘文抄本，內容很明顯早於西翁的版本，文字比較素樸。這個版本經過大量考證注釋，後來稱為「海博本」。海博是當時的歷史考古學家，目前這個版本被視為《原本》的定本。1925年希斯譯出英文本，1986年由大陸學者轉譯成中文本（九章出版社有繁體版）。

　第一個中文譯本，是1607年明朝末年時由徐光啟跟義大利傳教士利瑪竇翻譯，書名為《幾何原本》，不過他們只翻

17

阿拉伯帝國的發展 在七世紀之後慢慢進入黃金年代，勢力西及西班牙、東至印度。據說阿巴斯王朝的馬蒙哈里發曾經夢到亞里斯多德，隨後即建立類似亞歷山卓圖書館的智慧館，召集學者大舉翻譯希臘和印度的學術經典，在文化激盪下，醞釀出全盛時期的阿拉伯文化。西方因戰禍或宗教禁燬失傳的書籍，多虧阿拉伯的保存，日後傳回西方，成為西方文藝復興的基礎。《原本》是智慧館最早翻譯的希臘典籍之一，阿拉伯數學家對《原本》有許多評注與研究。阿拉伯數學受惠於希臘的幾何學與天文學、印度的位值概念（所謂阿拉伯數字），再加上本身代數的發展，後來促進了西方科學與數學的發展。

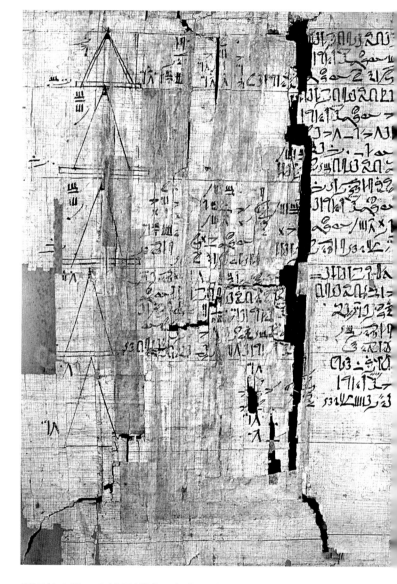

譯了前六卷，也就是前述國中幾何的部分。「幾何」這個詞按照徐光啟的用法，其實只是量的意思。如今我們之所以稱三角形、正方形這類圖形的理論為幾何，也許就是因為徐光啟只譯了前六卷的緣故。徐光啟終其一生沒有再譯後面的部分，到了1857年才由李善蘭與英國傳教士偉烈亞力譯出後九卷（他們根據的版本是後人補添過的十五卷本），繼續沿用

《幾何原本》的譯名。

作為「經典」的有力證明

當讀者知道這本經典竟然是一本國高中程度的數學書時，也許覺得很洩氣又疑惑，納悶數學書怎麼可以比得上《莊子》、《詩經》或者莎士比亞的大著？在我們的教育裏，數

（上圖）萊因德紙草書。萊因德紙草書（Rhind Papyrus），或譯林德手卷，是公元前1650年左右的埃及數學著作（可能是當時的教科書），也是世界上現存最古老也最完整的數學手抄本之一。

學或科學一向被塑造成困難又技術性的無聊學科，對一般人來說，除了考試之外，根本和我們沒有什麼關係，讀者如果這樣想其實並不奇怪。但是，《原本》到現在流傳一千多種版本，除了《聖經》之外，這本書是現存版本最多的書籍，這表示它有極高的傳抄度與傳播價值。《聖經》的重要性廣為人知，但為什麼第二名竟然會是一本數學書呢？《原本》也是年代最久遠、最成功、影響最深遠的教科書──一本教科書可以跨越時空、擁有多達一千多種版本，當然有著非常重要的意義在裏頭。

《原本》是西方到二十世紀之前，知識分子或是菁英教育必讀的經典，地位就像華人的《四書》。中世紀時，西方大學有所謂的「四藝」，學生要學算術、幾何、音樂跟天文，研讀《原本》是當時菁英想掌握知識的基本訓練。當然這種教育和現代普及教育很不一樣，當時的讀書人很少。

讓我再舉一些知名《原本》讀者的話來佐證。愛因斯坦無疑是當世最知名的物理學家，是大家談到「天才」一詞時的首選。愛因斯坦這樣說過：

十二歲剛開學時，我經歷了人生…奇妙的事，一本處理歐氏幾何的小書，上頭提到三角形的三高交於一點，這件事絕非顯然，但是書上卻以不容置疑的確定性，證明了這個命題。那種清澈與確定的感覺，讓我留下難以形容的印象。

再舉個例，我拿到這本神聖幾何小書前，舅舅曾經告訴我畢氏定理，經過一番奮鬥後，我用相似三角形的方法「證明」了這個定理，任何人第一次經歷這種事，都會覺得人類竟然能夠達到這樣的確定性與純粹思考，實在是不可思議。

這兩段話最重要的是後面的結論，理解《原本》價值的人都經歷過類似的心路歷程，突然意識到自己憑藉著思考，就能在變化複雜的現實世界中，推論出確定的知識，中間沒有

（右圖）泰利斯（Thales of Miletus，約公元前624年～公元前546年），古希臘哲學家、數學家，被尊稱為希臘七賢之一。泰利斯認為萬物的本質為水，是用理性方式解釋宇宙的第一人。據說他曾用日影測量金字塔的高度，具有相當的幾何知識。

THALES MILESIVS.

Turpe quid aufurus, te sine teste time.
Vita perit: mortis gloria non moritur.
Quod facturus eris, dicere distuleris.
Crux est, si metuas, vincere quod nequeas.
Quum vere obiurgas, sic inimice iuvas;
Quum falso laudas, tunc & amice noces.
Nil nimium fatis est, ne sit & hoc nimium

Fac. Ausonius
Burdigalensis, Consul.

I.

21

利瑪竇和徐光啟是《幾何原本》的譯者 利瑪竇是十六世紀義大利耶穌會教士，從格拉維學習數學和天文學。他志願到亞洲傳教，於1600年獲神宗允居北京，十年後病逝。利瑪竇號稱「泰西儒士」，對東西文化交流有重要地位。徐光啟出身上海農家子弟，赴京考試時在南京認識利瑪竇。1604年中進士後，隨利瑪竇習西學。徐光啟以曆算和兵器著稱，但在神宗、熹宗時宦途並不順遂。崇禎朝任禮部尚書，卻於三年後病逝。他最後修訂之崇禎曆書，在清順治朝頒行，稱時憲曆。徐光啟是東西交流之先驅者，也是第一代天主教徒。利瑪竇和徐光啟譯《幾何原本》，由利瑪竇講解格拉維編注的《原本》，由徐光啟譯成中文。他們只譯了前六卷，在1607年出版。

mountain攝影

（上圖）上海徐光啟墓的「徐光啟手跡碑廊」，其中《幾何原本序》的部分。

任何遲疑、曖昧、模稜兩可的餘地。

同樣的感受，也見諸英國知名的知識分子羅素。羅素的散文清晰而睿智，是諾貝爾文學獎的得主。他和數學的關係不深，但在數學哲學與分析哲學卓有貢獻，他說過：

> 我十一歲開始跟哥哥讀歐基里得，這是我一生中的大事，宛如初戀，我從沒想到世上有如此甘美的事物。

由此可知《原本》有一種魔力，讓這兩位智慧超絕的大師在年少時，就受到莫大的吸引。

接下來看看第十六任美國總統林肯的說法：

> 最後我對自己說，林肯，如果你始終搞不懂「證明」是什麼，就別當律師了。所以我放棄春田市的工作，回到父親家，直到我能夠將身邊歐基里得六卷中的命題都做出來，我才繼續回去研究法律。

林肯是律師出身，他當時在春田市剛開始當助理見習，受到挫折，因此回家躲起來練功，直到練完《原本》的前六卷，理解了證明的精義，才有信心繼續律師的事業。這是因為《原本》的思考方式和律師論證的方式一樣，需要嚴格的推理。

《幾何原本》譯者徐光啟是農家子弟，四十二歲中進士，跟利瑪竇學習西法，四十四歲開始跟利瑪竇合譯《幾何原本》，他是西風東漸早期，最能夠鑑賞西方思想的華人之一。底下段落節自《幾何原本》卷首之〈幾何原本雜義〉：

> 此書有四不必：不必疑，不必揣，不必試，不必改。有四不可得：欲脫之不可得，欲駁之不可得，欲減之不可得，欲前後更置之不可得。

　　這是對《原本》很高的推崇，表示《原本》的結構嚴謹，內容知識確定，沒有可以懷疑和更動的空間。接著下面這段話很有意思：

（上圖）穿著中國服的利瑪竇（左）與徐光啟（右）。徐光啟，明末進士，也是著名的數學家、天文家、農學家，與利瑪竇合譯《幾何原本》，為最早的中譯本。

23

　　有三至三能：似至晦，實至明，故能以其明明他物之至
晦；似至繁，實至簡，故能以其簡簡他物之至繁；似至難，
實至易，故能以其易易他物之至難。易生於簡，簡生於明，
綜其妙在明而已。

　　學過國中數學尤其是幾何證明的讀者，對他這段話必定
感到心有戚戚焉。沒學懂的，覺得數學真是晦澀、繁雜、困
難。但是偏偏那些學懂的，說數學其實很明白、簡單、容
易，而且他們還不是嘴巴上說說而已，面對一堆數學問題
時，好像真的掌握了什麼鑰匙，一通百通。徐光啟顯然也經
歷過這樣的震撼，然後他反省出中間的道理：我們之所以覺
得容易，是因為其中的道理簡單，而之所以簡單，則是因為
原理很明白，是每個人直覺就知道的事情。

　　徐光啟是進士，對漢學傳統中抽象思想的部分有一定的理
解，中國思想中儒道釋都有玄談的一面，像這類以至易御至
難的文字並不少見，但是漢文化的玄學，通常以比附類推這
種「闡釋」型、後見之明思想居多。但是《原本》卻不是玄
學，是真正有用的以簡馭繁之學，徐光啟寫這段話必定心中

（上圖）清康熙年間滿文抄本
的《原本》。康熙是清代皇帝
中數學最好的一人，幾何學則
是他較早接觸的學科，而後康
熙又命傳教士白晉、張誠用滿
文編譯《原本》。

頗有感觸，想必是讓他把《原本》這門西學引入中國的原因之一。

往聖先賢的數學知識

《原本》有兩個基本要素。首先，它的內容，也就是當時已知的數學知識，部分是兩河流域文明、埃及文明已經知道的經驗知識；有些是希臘先賢發展的數學知識，大部分都不是歐基里得的個人創見。

經驗知識是從操作和觀察中所得到的知識，可能正確，也可能錯誤。例如許多文明都知道圓「周三徑一」，也就是圓周長是半徑的三倍，這是實用的錯誤知識。又例如許多文明知道3、4、5構成直角三角形的三邊長，這是實用的正確知識。重點是，他們原來並不知道這些知識到底是對還是錯。

人類的素樸數學知識，很像小學時代學習數學的探索方式。譬如說我要看三角形內角和是不是180度，可去剪幾個三角形量量看，這樣的結果當然不可靠，因為光靠測量結果所歸納的知識，可能只是近似的對，通常也只是孤立的知識。他們多半不知道手邊的知識，彼此之間是不是有關聯。比如光知道3、4、5構成直角三角形的三邊長，和確定知道任意直角三角形，兩短邊的平方加起來是最長邊（斜邊）的

（下圖）康熙年間制刻比例表炕桌。這是康熙皇帝為了學習數學查閱表格方便而特製的。

北京故宮博物院

平方（也就是畢氏定理），這兩者的知識層級相去甚遠。來自早期文明的素樸數學知識通常只是經驗有用的法則。

不過《原本》的內容倒不全是素樸知識，其中也有比較成熟的數學知識。歐基里得並不是古希臘的第一個數學家，上文提過在他以前的很多先驅者，均是天文、數學或哲學上的大家。泰利斯經常被稱為「西方科學之父」，因為他是第一個用理性方式思考宇宙原理的人；畢達哥拉斯創立了畢氏學派，他有非常完整的數學哲學，認為宇宙萬物都是數，因此一定有辦法用數的學問來理解這個宇宙。畢氏定理一般認為是畢達哥拉斯或畢氏學派的傑作，這表示他們至少能局部上證明數學定理。尤多瑟士的「窮盡法」是極限概念的先聲，他和後來的希累提特斯打造了無理數的理論，發展「不可公度量」的概念。這些都收錄在《原本》中。

事實上，到了柏拉圖時代，希臘文化已經十分尊崇幾何學。柏拉圖在雅典開創的雅典學園，提供知識分子學術思辨與教育傳承的場所，號稱史上第一所大學。據說在學園入口的大門上刻著「不識幾何學不能入此學園」的教箴。柏拉圖甚至還說過「上帝以幾何造世」（God ever geometrize）的名言。因此，身為雅典學園的傳人，歐基里得在撰寫《原本》時，面前已經有許多已知的數學知識，因為先驅者已經提煉出許多經過思考、成熟度不一的材料。他所面臨的問題，是如何編纂這些數學知識。如果他只是將這些知識羅列起來，按照人名或領域來分門別類或排序的話，那麼《原本》就根本稱不上偉大。《原本》之所以是經典，就是因為歐基里得採用了非常特殊的編纂法，這就直接牽涉到《原本》背景的第二個基本要素。

掌握邏輯推理的鑰匙

《原本》的第二個要素，簡單的說，就是推理的方法或邏輯。柏拉圖時代的雅典社會，是基於奴隸制的民主城邦社

TOP PHOTO

會。雅典人喜歡議論或辯論，也讓他們從經驗裏慢慢發展出嚴格的推理邏輯。希臘哲學家蘇格拉底、柏拉圖、亞里斯多德號稱「希臘三哲」，他們的思想是西方思想的源頭。我們從柏拉圖著作中所記載的蘇格拉底言論，還有柏拉圖、亞里斯多德的著作中，知道希臘人掌握了這樣的思考方法。

思考推理的方法脫胎於人類的言語方式。只是希臘哲學家，從裏面整理出推理的規則。比如柏拉圖非常重視敘述的真假、有效的推理、運用定義的方法，而他的學生亞里斯多德，更完成了第一個邏輯推理體系。推理方法是歐基里得編纂《原本》的重要基礎。

所謂推理方法，就是思考時，能夠從前面的敘述推出後面結論的正確方法。希臘哲學家看出一個關鍵點：當我們思考時，必須嚴格遵守推理的形式，不然思考就有陷入錯誤的危險；至於思考過程的正確與否，並不能依靠結論的真假來判斷。舉一個簡單的例子，假設「所有動物都會死亡」，那麼因為「人是動物」，所以你可以推論出「人會死亡」的結果，這是一個正確的推論形式。我們現在套用這個形式，假設「所有動物都是卵生」，都要產卵孵育下一代，那因為「人是動物」，所以「人是卵生」的。請注意，這個推論是正確的，因為它遵守了正確的推理形式。當然，人是卵生動物是荒謬的，但這並不表示推理過程的形式有誤，而是一開頭的前提「所有動物都是卵生」是錯的。

再舉一個反面的例子。假設「所有動物都會死亡」，那麼因為「人會死亡」，所以「人是動物」。這看起來好像很正確，因為結論是對的，但即使上面三個敘述都是對的，其實這段推理仍然是錯謬的。為什麼呢？只要舉出一個反例就可以證明了。例如「蘭花也會死亡」，按照上面的「推理」方式，就應該推論出「蘭花是動物」，這當然是荒謬的。我們從正確的前提，卻「推論」出錯誤的結論，這表示這種推理形式是錯誤的。所以，推論的重點在於形式，並不是其中牽

（上圖）阿拉伯課本上的畢氏定理。

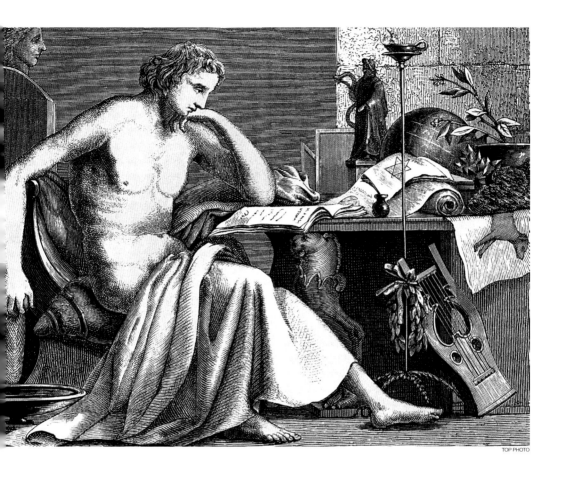

涉到的敘述都對，推論就一定正確。

　　人類的教育基本要配合認知能力的發展才能事半功倍。邏輯推理的能力既然這麼重要，應該在什麼時候學習呢？這其實是大有商量的餘地。因為從認知科學的實驗已經知道，邏輯推理能力不是先天的或演化的，它不像語言能力是先天的，所以人類經常犯推理的錯誤。認知實驗學家做過實驗，如果利益和推論一致，推理就很自然，宛如天生。但只要利益和結論相衝突，即使常常思考的學者，也有犯錯的可能——至少在推理時會出現小干擾。推理能力既然是後天的文明能力，所以差異性很大。有些人從念小學就很擅長做邏輯問題，但有些人二、三十歲了，還不清楚自己所謂的推理，

（上圖）十九世紀繪畫，年輕的亞里斯多德正在學習。亞里斯多德（Aristotle，公元前384年～公元前322年），希臘三哲之一，是柏拉圖的學生，也是亞歷山大大帝的老師。亞里斯多德完成了第一個邏輯推理體系，他的邏輯學理論一直到十九世紀才被數理邏輯所取代。

歐基里得平行公設 的一種敘述方式是，過直線外一點只能作一條唯一的平行線。數學家一直覺得平行公設不夠自明，希望能彌補這個《原本》的缺陷。起初他們試圖從其他四個公設證明平行公設；或希望找到更自明的取代敘述；最後數學家希望透過否定平行公設得到矛盾，來證實平行公設的正確性。結果否定平行公設，不但沒有得到矛盾，反而推導出許多定理，這就是高斯、羅巴切夫斯基、鮑雅伊獨立得到的非歐幾何。非歐幾何最重要的影響是將空間推回實驗科學。後來黎曼發展更一般的黎曼幾何，成為愛因斯坦廣義相對論的基礎。

其實只是強詞奪理。

　　邏輯推理之所以重要，主要是因為它明晰又嚴格，可以讓論證產生強大的說服力與確定性。當你參與公共事務討論時，需要清楚的論證來產生說服力。而只要前提是眾人都接受的，論證的確定性更能讓自己的論點值得信賴，而不僅止於運用肢體、文字或聲調所產生的說服力。歐基里得就是掌握了這把邏輯推理的鑰匙，才成就了《原本》這部經典。

《原本》的寫作策略

　　《原本》一開始，歐基里得先定義一些書中會用到的幾何概念，例如直角、銳角、正三角形（等邊三角形）、等腰三角形、直角三角形、各種四邊形、圓等等。然後，歐基里得引入《原本》結構的最關鍵要素——公設（axiom），這些是最自明的敘述，不容置疑的、顯然為真的敘述，也就是徐光啟所謂「簡生於明」的那種敘述。公設是《原本》整個體系最根本的前提。

　　《原本》有五個公設：一、「兩點決定一條直線」。這是國小一年級就知道的經驗，我們用尺畫直線就是這個公設的體現；二、「延伸線段可以得到直線」。這句話顯然到你可能覺得是句廢話；三、「圓心和半徑決定一圓」。常用的圓規是第三公設的體現，任意選定一個圓心，再給定半徑就能做出或決定一個圓；四、「所有直角皆相等」，你一定覺得不相等才奇怪。

　　第五個公設，就是知名的「平行公設」。如果你是內行的讀者，就知道這個公設日後還有很長的精彩故事。當我們在國中學平行線的時候，可以有很多種講法，歐基里得選了一個最明白合理的敘述方式：假設平面上有兩條直線，而且有一直線截這兩條直線（見左圖），平行公設說如果兩個內側角 α 與 β 加起來小於180度的話，那麼這兩條（延長後的）直線就一定會在這個方向相交。

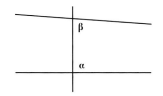

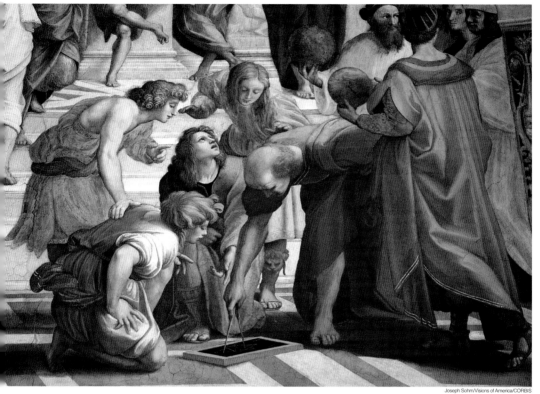

在五個公設之後，是另外五個也顯然為真的輔助性設準（postulate），牽涉到相等與不等的最基本性質。前面三個設準是「等於同一量的量彼此相等」、「等量加等量，其和相等」、「等量減等量，其差相等」，這是相等（等號）的基本性質。第四個設準是「彼此重合的物體是全等的」，這是關於幾何物體全等的操作型約定。第五個設準是「整體大於部分」，這是不等的基本意義，部分包含在整體中，所以小於整體。第一個設準是現在所謂的「等號遞移律」，第二、三個設準是等量公理，第四與第五設準則帶著語義解析的味道，可以看成「全等」和「大於」的定義。

希臘三大幾何難題

有了這些定義、公設與設準，歐基里得便開始介紹第一

（上圖）拉斐爾《雅典學院》局部。這個局部位於整幅《雅典學院》的右下角，畫中歐基里得正在教導他的學生幾何。

31

個命題（也可以稱為「性質」或「定理」）。命題1的敘述是「給定一線段，可作一正三角形」。歐基里得在一開始的定義中，已經定義過什麼是正三角形，因此命題1是要確定正三角形真的存在，而不只是概念的操弄。這是歐基里得的嚴謹處，因為所謂定義可能只是語言的操作，例如我們可以定義「獨角馬」是「頭上長了一隻尖角的馬」，問題是這種「動物」存在嗎？歐基里得談的是真正的知識而不是玄想，因此他得面對「存在性」的挑戰，說明定義的幾何物體真的存在。

但是，我們不能無中生有！這裏就要注意到公設1和公設3，這是隱含在希臘數學裏的兩項預設：希臘人認為幾何物體必須只藉由直尺和圓規來構造（注意希臘人的直尺是沒有刻度的）。換句話說，只有線段和圓弧是事先存在的，其他幾何物體必須藉由直尺和圓規來構造出來，這也是歐基里得公設1和公設3的意義。這個只能用直尺和圓規的「尺規作圖」約定，催生了「希臘三大幾何難題」：「將一個給定角三等分」、「給定一圓，做一個和它面積相等的正方形」、「給定一正方體，做一個體積兩倍大的正方體」。這三個本來像是數獨一樣的休閒難題，出乎意料的，歷經了兩千年都沒有人可以解答。直到十九世紀，數學家才有足夠的工具，證明這三個問題都不可解，見證了數學長足的發展。

回到命題1，歐基里得在命題敘述後，給出命題1的證明（見左圖）。

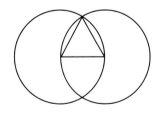

從給定的線段開始，我們以線段的長度為半徑，用兩個端點為圓心，分別作出兩個圓。（公設3）

這兩個圓相交於兩個點，取定其中一點，用直尺分別和原來線段的兩個端點連線。（公設1）

作出的兩條線段和原來的線段等長（圓的定義），所以新的兩條線段也等長（設準1），

因此這三線段就構成一個正三角形（正三角形定義）。

　　請讀者想想，命題1是如何一步步藉由先前的定義、公設和設準推論出來的？

　　接著，歐基里得證明命題2「以一已知點為端點作一線段，其長度等於某已知線段」，如果容許普通尺或圓規有複製長度的功能，這是很簡單的習題。不過我們只能依照歐基里得的公設出發，因此證明遠比想像的複雜（見3.0「原典選讀」）。值得注意的是命題2的證明，除了多用到公設2、設準3之外，還用到剛剛出爐的命題1。一個已經證明的命題是真確的，因此可以用來協助推理出新命題。

　　使用這樣的架構，歐基里得從最基本的公設出發，不斷地揉合新證明出來的命題，推論出更多的命題，最後《原本》洋洋灑灑地證明了四百六十五個命題。因為公設顯然正確，所以從這些公設運用邏輯推理出來的性質，也必然是正確

（上圖）十九世紀繪畫，托勒密在亞歷山卓城的天文觀測所。托勒密（Ptolemy，約90年～168年），古希臘天文學家。他利用希臘天文學家們的觀測成果，結合當時天文體系學說，形成地心體系論。後世稱為托勒密地心體系。

的。往聖先賢那些零散的、經驗的、可疑的、片面的數學知識，只要是正確的，幾乎都被歐基里得編織到這個宏大的知識體系中。

對於這個攫取知識的新方法，笛卡兒曾經做過底下的評論：

有太多事物，本身雖非自明，卻攜帶著確定的戳記，因為這是由真確無疑的原理，經由連續而不受干擾的思考過程演繹出來的，每一步驟都清楚明白。就像長鍊的尾環，一直連接到首環。我們雖然無法一眼看清中間所有環節，但只要一環一環檢視，就能知道一切都是由首至尾環環相扣……命題的認識，可以說是經由直覺，也可以說是透過演繹，端賴您的觀點而定。當然，原理本身必須訴諸直覺，而遙遠的結論，則只能訴諸演繹。

簡單明白的知識，我們光靠直覺就能確定。五個公設是這樣的例子，等腰三角形底角相等的命題，基於對稱性的關係，也可以看成半直覺的命題，一般人都能相信。但是另外有相當多正確的知識，從直覺看不出來，有些甚至還違背直覺，這就需要思考推理的功夫，從簡單明白的知識，導引出或許顯得晦澀繁難的知識。笛卡兒用鐵鍊做了很有趣的類比，為了確定長鍊的尾環真的連結到首環，我們得一步一步檢查每一個環扣都拴得牢靠，也就是說，我們得保證每一步的推理都是正確的。

各位一時可能無法相信有看起來違背直覺的知識，在本文後面的附錄（53頁），舉了幾個《原本》裏的例子，感興趣的讀者可以先跳過去欣賞。

環環緊扣的鐵鍊網

歐基里得真正的挑戰是，面對著數百個已經知道的數學命

TOP PHOTO

（上圖）笛卡兒（René Descartes，1596年 ～ 1650年），法國哲學家、數學家及物理學家。笛卡兒對於邏輯演繹有相當嚴謹的態度，因發明坐標幾何的想法結合幾何和代數，故被稱為「解析幾何之父」。

（右圖）笛卡兒《屈光學》插畫。於《屈光學》中，笛卡兒首次對光的折射定律提出了理論論證，並解釋人類視力失常的原因。

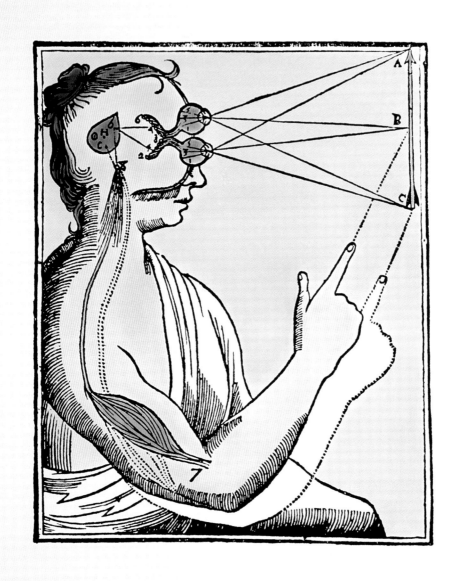

題，要怎麼用這麼嚴格的方式來編纂？他必須要找得出自明的、直覺就能感知的公設。為了簡潔，這些公設不能過多；為了完整證明出所有的結果，公設也不能太少；這些古人已知的命題都是經驗性、局部性或可疑的知識，因此歐基里得

史賓諾莎 與笛卡兒和萊布尼茲為理性論的三大家。他雖然在數學上沒有直接的貢獻，但他十分尊崇歐基里得的《原本》以嚴謹論證發展出不易真理的體例。於是史賓諾莎在他最重要的哲學著作《依幾何律則論證之倫理學》裏（1677年），運用《原本》的書寫策略，從八個定義和七個公設（例如公設1為「凡存在者，若非自身存在，則依他物存在」）出發，發展並證明了許多哲學與倫理學命題（例如他用幾種方法在命題11證明上帝的存在），試圖找出人在大自然中之位階與倫理學之意義。

TOP PHOTO

（上圖）史賓諾莎的代表作《倫理學》。
（右圖）達文西《維特魯威人》。《維特魯威人》運用了幾何設計，圖中的手腳正好接觸到以肚臍為中心所畫出來的圓，而人由鼠蹊部切割為二，在肚臍形成黃金分割。

還得整理命題敘述的方式、判斷敘述的正確性、補充不完整的命題，並且確實地證明所有命題。《原本》中很多證明都是歐基里得新給的證明，為了讓所有環節都確定，他必須證明他所宣稱的所有事情。

歐基里得的原創性，不是表現於四百多個命題的敘述上，因為許多命題在當時是已知的知識。歐基里得的天才，表現在他有精準深刻的眼光，選擇恰當的公設，又有驚人的推理能力，可以一步步將這許多命題整合成一個體系。引用笛卡兒的比喻，歐基里得不是只找出一條鐵鍊，還要把許多條推理的長鍊，編織成一張鐵鍊網，將所有《原本》的命題都固定在五個牢靠的首環上。

人類知識的逐漸增長，和人類歷史的發展是共同演化的，由於生存或實用需要而取得的人類知識，通常都是片面的、經驗的、歸納的、零散的。而兩千多年前，出現了歐基里得的《原本》，他運用希臘文明的資源，將過去零散的經驗知識，整理成不容置疑的真理。他展示的這種發展人類知識的新方法，日後稱為「公設演繹法」，讓人類得以在這個變化、偶然、不可知的世界上，平地一聲雷，突然有了一個典範，可以協助我們分析、判定並取得確定的真理，這在人類的思想史上，是一個了不起的天才成就。

《獨立宣言》的幾何氣味

由於《原本》的方法在取得確定知識的成就上引人注目，而確定知識自古又一直是哲學家、思想家、科學家所追求的崇高目標，因此歐基里得的書寫方式，引起許多人的效法。例如理性論三哲中的史賓諾莎，雖然不以數學見長，但他的哲學名著《倫理學》（Ethica），著作手法完全參照《原本》：按照公設、定義、命題、證明的方式來撰寫，史賓諾莎希望由此為倫理學打下不可更易的基礎。比如他在書中就「證明」了，上帝是絕對的第一因。

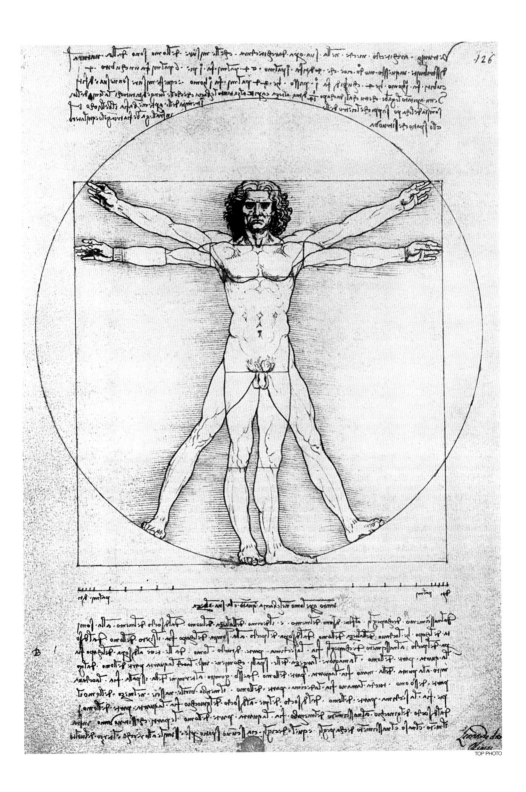

37

英國科學家牛頓 接續哥白尼、克卜勒的研究，在1687年出版現代物理學之奠基作《自然哲學之數理原理》，將當時紛雜的各種理論統攝在萬有引力之下，並解釋了許多困難的現象如潮汐、歲差等。其中他以萬有引力證明克卜勒行星運動三定律，確立「日心說」之地位。牛頓的推導立基於他所發明的微積分，但由於牛頓推崇希臘幾何學的嚴謹，因此當他撰寫本書時，採用了《原本》的體例，由定義、公設出發，推演出許多物理與天文命題，他貫串全書採用的正是微積分的幾何形式。牛頓書中的公設就是知名的「牛頓三大運動定律」：慣性定律、力與加速度成正比，以及反作用力原理。

　　另一個更重要的例子是英國的牛頓。牛頓是史上最重要的物理學家之一，寫了一部科學史上的經典《自然哲學的數理原理》，他與萊布尼茲獨立發明了微積分，並利用微積分建立了力學系統，以萬有引力統合解釋了許多零散的力學現象，近至人身周遭，遠至星空宇宙，都統合在基本力學原理之下。但是如果偶然翻開這本書，你可能會以為這是一本幾何學的書。牛頓不只在序言中盛讚幾何學由少數公設推得豐沛結果的成就，他也堅持用《原本》的方法來撰寫：先是定義，然後是運動公設（也就是「牛頓三大運動定律」），之後是種種引理、命題、推論，並且都加以證明。這樣的寫法，也可見於羅素與懷德海著的《數理原理》，他們希望把整體數學從非常堅定的基礎上給證明出來，他們的嘗試可以想成是兩千多年前歐基里得著作《原本》的現代翻版。羅素的學生，對二十世紀哲學影響很大的維根斯坦，所著的《邏輯哲學論叢》也使用了類似的架構。以上是比較硬調的例子。

　　傑佛遜是美國的第三任總統，他是美國《獨立宣言》主要的起草人，傑佛遜也是一個《原本》的讀家，在獨立宣言中出現了這段非常有名的段落。

　　我們認為這些真理是不辯自明的（We hold these truths to be self-evident）：人人生而平等，造物主賦予他們若干不可割讓的權利，其中包括生命、自由和追求幸福的權利。

　　換句話說他的論證策略是先提出什麼是顯然的「公設」，然後再申論他的政治立場，也就是種種推論，最後說明為什麼美國應該獨立。政治宣言要鼓動人心，不適合用嚴謹的推理形式，但是傑佛遜的論證策略明顯帶有《原本》的影子。先確立最基本不可動搖的假設，那麼它的推論不論顯得多麼意外或不妥，都必須接受。

天若不生歐基里得

　　最後，我想泛泛地談一下《原本》的價值，同時補充一
些關於這本書的歷史地位的材料。人類終其一生面對的是一
個混沌變化的世界，我們最初的知識，是運用本身的化約本
能，從自己的日常經驗中，慢慢尋找出周遭世界的規律性。
就人類個體而言，可以從長大的幼兒身上印證；就人類整體
而言，則可以從漫長的史前史，或者歷史的黎明期看出這個
階段。

　　《原本》出現的時期，人類已經跨過了新石器時代，文明
發展到相對成熟的階段，當時的人已經能運用比較抽象的符
號或象徵，與自己的日常生活結合。典型如文字、錢幣、丈
量單位等，金屬製品如青銅器，甚至可以作為天人交感媒介

（上圖）此圖為布雷克
（William Blake，1757年　～
1827年）所繪的牛頓。布雷
克，英國詩人及畫家，這幅畫
中，牛頓被塑造成具有神性的
幾何學家。

的聖器。《原本》受惠於這樣的文明環境：人類已經有了基本的數字符號和算術；發展出長度、重量、面積、體積等量的概念；還有與量連帶的幾何圖形，以及將以上這些概念結合的零散數學知識。早熟的思想家也開始試圖用正面的理性態度，找出宇宙背後的秩序，這些哲人甚至能夠局部的闡釋發展自己的想法。

因此，《原本》的出現當然不是毫無旁恃的憑空而起。但是，歐基里得的成就仍然值得我們推崇，因為在同樣類似的各個文明環境中，像《原本》這樣的知識體系卻從來沒有出現過，稱得上是空前絕後的成就，所以歐基里得才會在西方知識界，有著「天不生仲尼，萬古如長夜」的地位。

《原本》的成就在於建立一座典範。它演示人類如何從混沌中建立起深刻的秩序，讓我們感受到宇宙真的可以理解，知道大自然背後的確可能有著一套隱藏的秩序，而且人類有方法掌握它。歐基里得在《原本》中展示的方法，不是玄思、不是修辭、不是類比，也不僅是一時的心得與靈感。他不但讓我們知道如何思考與修正錯誤，也展現了確實嚴謹的態度，而不是「差不多就好」的心態。事實上，他建立了探究知識結構的一種標準模式，讓學者知道如何超越經驗知識，探求更深刻的原理，並且以此貫串統合整門學科。

《原本》的影響顯而易見的，在羅馬帝國內，教會神學家建立神學體系的方式，固然可歸源於《原本》或其背後的希

臘思想，文藝復興後的歐洲知識界則更是對它趨之若鶩。

十六、十七世紀後，西方科學開始蓬勃發展，雖然科學不是《原本》的推論，但是《原本》卻是這些成就的基礎。用牛頓的比喻來説，我們可以説《原本》就是巨人的肩膀。由於自然科學是這麼成功，這種知識建構的方式，更影響了日後社會科學和人文科學的發展。放得寬遠一點看，《原本》的影響並不只是數學與科學，它最重要的歷史意義，是建立了人類理性思考的典範。「公設演繹法」就是理性思考的源

（上圖）簽署獨立宣言畫作。美國獨立宣言由傑佛遜（Thomas Jefferson，1743年～1826年，後為美國第三任總統）起草，其中帶有《原本》公設邏輯的影子。

41

頭。人是理性的動物，但只有讀了《原本》，才能領會到理性思考的力量，透過理性思考所獲得的結論可以多麼確定又深遠。

難怪古代多少識者將《原本》當作文明菁英的必備教科書，最後變成了普及教育中的一環。古時西方大學的菁英教育讀《原本》，重點不見得是書中的數學知識，也不見得要嚴格模仿公設法，而是從閱讀的潛移默化中，學會什麼是理性思考的態度和方法，希望大家能用正確的方法，進行理性的討論和溝通，分析問題的根源，進而容忍不同的思考意見。

我們不能誇大歷史裏的《原本》讀者群，因為知識分子或菁英在古代社會是鳳毛麟角般的存在，但是他們是推動歷史巨輪的力量，而他們的力量來自所繼承的知識。當然我們也絕不是說閱讀《原本》本身，會直接得到這樣理性思考的教誨。這數百年來的理性思潮，也涉及許多其他複雜的因素。重點是當理性辯論的學者層層回溯去徵引經典時，《原本》總會直接或間接地出現在他們的名單中。

北京故宮博物院

（上圖）幾何多面體模型。這是為了康熙皇帝學習數學而特別製作的。

一本前衛的教科書

任何知識都是因應實用的目的而生，而後才有各種發展的可能，即使是數學也不例外。我們知道各個文明都發展出基本的算術和幾何知識，這些知識算式是一門專業技術，專業的知識需要傳承，因此除了師徒的口語傳授之外，經常也需要數學「教科書」來傳播。當時所謂的教育不是現在的普及教育，了解數學知識的人口很少，在時間或空間上都很隔絕，甚至孤立。既然數學在古代只是實用知識，因此可以想見口訣和實用範例是這類算學書的主體。蘇美人、埃及人、中國人、印度人，或其他更晚一點的文明，他們流傳下來的數學材料或書籍，幾乎都把數學跟實用的材料或日常生活混合在一起。例如中國的數學書，就像

是很實用的題庫，是要解決（或是包裝成）倉儲、土地、丈量之類的實際問題，裏面提供一些基本的口訣，針對不同的問題，也會將算法寫得很清楚，感覺上很像參考書。印度有一些數學教科書，甚至將題目寫成男女對話，先說一些情話，然後再提出希望你解決的問題，如果現在數學課本這樣寫，學生讀起來也許士氣會比較高昂。

（上圖）Johann Neudörfer與學生的畫像，Nicolas Neufchâtel繪。Johann Neudörfer是德國數學家，畫中他拿著一個幾何多邊形，似乎正在指導身旁的學生。

生活俯拾皆幾何 文·郭明勳　咪兔8號 繪

鸚鵡螺

在美學與建築上常會使用到黃金比例，也就是長寬比約為**1.618**的矩形被視為一種從古至今最美、最協調的造型。
鸚鵡螺便是由黃金分割矩形與其延伸出的曲線所構成的黃金分割螺紋結構，一個黃金矩形可以不斷地被分為正方形及較小的黃金矩形，通過這些正方形的端點（黃金分割點），可以描出一條等角螺線，而螺線的中心正好是第一個黃金矩形及第二個黃金矩形的對角線交點，也是第二個黃金矩形與第三個黃金矩形的對角線交點。

 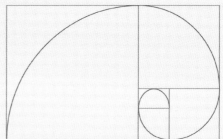

宙斯像

宙斯像（**Zeus**，也有可能是海神 **Poseidon**），身高約**210**公分，材質以青銅雕刻而成，整體比例比真人高大，雙臂展開呈現出平衡的運動姿勢。

宙斯像為古樸時期的雕刻，當時人物雕像深受埃及雕像「正面性法則」的影響，雕像身體呈直立狀，鼻尖和肚臍連成左右對稱線，人體外型由鼠蹊部一分為二，雙臂伸展開來的長度與身體的高度相同，呈現長與寬相等的正方形結構，由肚臍為圓心畫圓，可以發現宙斯像的手與腳末端剛好接觸到圓周。

這座雕像雖然是一件靜態作品，但是因為表現的是投擲標槍瞬間的凝聚，反而給人一種連續動作的感覺，雕像中表現出蓄勢待發的力量，專注的眼神彷彿容不下任何事物，表現出神的氣勢與運動家精神。

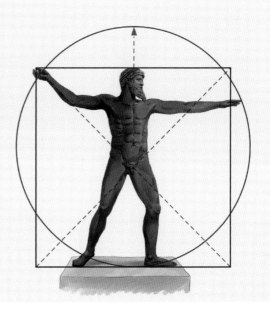

聖索菲亞大教堂

聖索菲亞（Hagia Sophia），意為智慧之神，位於土耳其伊斯坦堡的聖索菲亞大教堂屬於拜占庭帝國最具有代表性的建築。其風格主要特徵為「穹窿」，意即利用圓形穹頂與矩形梁柱作為主要建築型態。

聖索菲亞教堂東西長77.0公尺，南北長71.0公尺。以圓頂覆蓋。而令現今建築師與工程師感到興趣的是中央的大圓頂，直徑32.6公尺，穹頂離地54.8公尺，圓頂由拱型梁柱支撐並連接四個大柱墩上，呈現對稱的建築型態，不僅兼具美觀，也有效的分散圓頂重量產生的橫推力，由拱型梁柱將重量引導經四支大柱至地面。

而周遭的附屬建築則依照主建築的比例縮小，並以主建築為圓心向外擴張，使整座建築更顯得宏偉莊嚴。

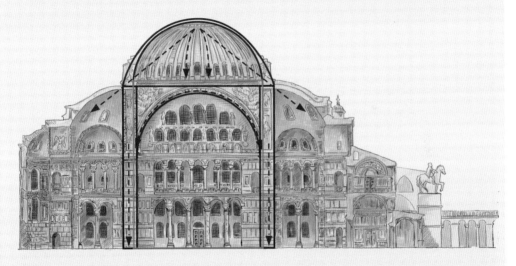

跑車

這輛跑車的設計靈感來源是經典的鷗翼式跑車，利用可以大角度開啟的鷗翼式車門以及流暢線條，將賽車的設計概念移植至這台超級跑車，在令人嘆為觀止的車型裡，仍然藏著黃金比例的美學概念。

這輛跑車加長的車頭蓋、較低的車身以及向後收攏的尾部設計，將鷗翼式車門打開後，車門離地高度與車身寬度呈現正方形，壓低的車身高度與車身寬度恰巧為黃金矩形，由車身側面可以發現後輪位於第二黃金矩形並且接近其展開的圓心，而向後收攏的尾部設計與圓周形成漂亮的弧線。

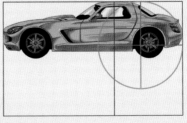

《原本》無疑是傳承知識的教科書，比起歐基里得的其他寫作，更可能只是一本有教育功能的初等教科書。但是拿《原本》和其他文明的數學教科書相比，它顯得非常特殊。《原本》的寫作完全是現代數學式的寫法，著重於材料本身的理趣，去除應用色彩的枝節。其寫作方式很有數學社群交流知識的現代感，而非一般人學習數學時常用的口訣、算法、技巧，這確實反映了希臘文化重視數學的特徵。因此從現代的觀點，《原本》在數學書寫的形式遠遠超越它的時代，也超越其他的文明，是一本很前衛的教科書。雖然對許多人來說，《原本》也許是一本比較無味、甚至令人窒息的書，筆法嚴峻，缺乏感情。但這種書寫方式其實和它的目標緊緊結合，日後也證明了它的重要性。可以這樣說，歐基里得以《原本》一手建立了數學書寫的標準。

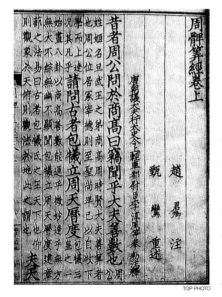

TOP PHOTO

（上圖）《周髀算經》，原名《周髀》，為西漢時的天文著作，其中涉及數學內容，包含了勾股定理（畢氏定理）、比例測量與分數四則運算。

《原本》面對什麼樣的挑戰

《原本》無疑是今日數學與科學書寫的源頭與典範，但它畢竟是時代的產物，從二十世紀的邏輯標準，羅素跟德國數學家希爾伯特都提到《原本》並不夠嚴格，希爾伯特還因此重新寫出一本《幾何基礎》，修補《原本》的邏輯缺陷。不過這還不是《原本》真正的挑戰。自古以來，許多思想家視《原本》的內容——歐氏幾何——為絕對真理。康德更為此發展了他的哲學系統，說明這是一種先驗綜合式的真理。但是歐基里得一直擔憂的第五公設，也就是平行公設，後來卻走出了一條令人意想不到的大道。

簡而言之，平行公設一直是數學家的挑戰。他們希望找到平行公設更「自明」的敘述方式；或者希望從其他四個公設推論出平行公設，證明平行公設是多餘的；或者希望證明否定平行公設可以導出矛盾，因此平行公設必須是正確的。這

些努力都是為了鞏固歐氏幾何的真理地位，不受可疑的平行
公設影響。

　　沒想到最後在十九世紀初發現，否定平行公設不但沒有矛
盾，反而發展出「非歐幾何學」。卸下歐氏幾何是真理的桎
梏後，整個幾何思想的飛躍不可以道里計，最重要的成就是
十九世紀數學家黎曼所倡議的「黎曼幾何」，這種更廣義的
非歐幾何，成為愛因斯坦廣義相對論的基礎。另外，在十九
世紀這段歐氏幾何和非歐幾何的攻防歲月裏，發展出許多檢
討公設系統性質的方法，在日後二十世紀的數學基礎論戰中

TOP PHOTO

（上圖）古代的天文學著作。
因天體運行需用到大量數學運
算，因此古時許多天文學家同
時亦是數學家，托勒密便是一
個代表人物。

47

開花結果，讓人類對於理性思考的深度與限度，有了更深的理解。

　　不過到了二十世紀末，我們已經可以為《原本》的歐氏幾何做新的辯護。康德將歐氏幾何視為宇宙空間的真理，在非歐幾何出現後似乎成為笑話。但是康德論證的方式仍然有其價值，他認為人類的經驗並不是素樸的感官經驗，而是先透過心靈加工後才呈現的，其中呈現經驗時必須預設時間和空間的直觀。康德昔日缺乏證據的哲學玄想，但今天透過認知科學已經知道，人類感受到的經驗其實有很多層級，通常必須經過各腦區的化約整理，才能做有效率的回應。換句話說，大腦最後面對的「經驗」，其實是加工過的經驗。就這點而言，康德的綱領反而才是正確的，因此認知科學分外重視康德的思想。例如視覺經驗絕對不只是可見光感應的直接傳遞，為了在大自然中求生存，人類與動物的大腦會透過不同腦區加強平行、垂直、對稱的處理，這就是為什麼我們從小對這些幾何「概念」特別敏銳的原因。換句話說，即使我們生存的空間不是歐氏空間，但是我們的大腦卻是用歐氏幾何的形式，來逼近、重組我們的視覺經驗，所以我們才會特別覺得平行公設是直觀自明的，這也解釋了為什麼歐基里得的《原本》是人類第一個幾何理論。

希臘文化的特點

　　《原本》不只是時代的產物，也是文化的產物。由於古希臘人以幾何思想為王道，因此《原本》帶有很強的幾何氣味，徐光啟將譯本稱為《幾何原本》，其實不能算是誤譯。

　　一般來說，數就是數，地球上每一個文明都會使用數，也熟習數和幾何交會的問題。例如測量兩地的距離、城牆的高長、田地的面積等。但只有古希臘人將幾何視為更根本的概念，即使在處理數的材料如質數、公因數、公倍數時，仍然採用幾何方法。比如說他們的整數是用線段來表示，也就

49

（上圖）《人類知識文明的進展（The Progress of Human Knowledge and Culture）》（局部），詹姆士・貝利（James Barry）繪。此局部繪的是奧林匹亞的加冕，畫面右方中有一披著白袍、以手點唇的老者，正是畢達哥拉斯學派的學者。同樣於圖中的還有蘇格拉底等希臘先賢。在人類追求知識的路上，理性思維是不可破滅的，而《原本》對於後世最大的影響，便是其對於理性思維的建立。

是用線段長度來表示數。希臘人並非對代數知識無知，但是《原本》中的代數式都是用幾何圖形來表現。這並不是歐基里得的獨到見解，而是希臘文化的特點，在其他文化沒有見到這麼徹底的使用。也因此，希臘人在處理無理數如 $\sqrt{2}$ 時，才會發展出「不可公度量」的概念。

　　《原本》的材料並不只是幾何學，但它的內容從頭到尾都混合了文字與圖像，其中每個命題的證明，也都是文字與圖形的共同運用，圖形並不只有附屬的說明或裝飾功能。古希臘人在人類文明的早期，恰巧善用了人類先天兩個非常重要的認知資源──語言與視覺，這也是為什麼認知考古學者重視古希臘數學的原因。正如前述，人類特別擅長處理視覺的東西，因此老師教幾何時，一味強調文字或符號的重要性，其實不是理想的方式。如果將《原本》裏面的圖全部拿掉，也許它就不再是最成功的教科書了。

王者之道

總之，我們可以說《原本》的重要性是遺產性的，雖然它作為空間真理的意義受到挑戰，它的幾何氣味顯得太過偏執，但是它應用廣泛的數學內容，以及理性思維的意涵，卻已經透過各種教科書、著作以及教育系統影響到所有人。作為一本經典，《原本》的地位不容置疑。

相對於《原本》的光華，歐基里得的生平似乎就顯得隱晦。不過有些關於他的故事，卻讓他的形象立體起來。普洛克勒斯提過埃及的統領者托勒密一世，曾經請教歐基里得有沒有比《原本》更快學習幾何的方法，歐基里得當下回答他說：

幾何學裏沒有王者之路。

另一段軼事記載歐基里得有一個初學幾何的學生，才剛學完第一個命題，就問歐基里得：「學這種東西，我可以得到

什麼？」結果歐基里得跟他僕人說：

給他三分錢，因為他一定要獲得什麼才肯學習。

當然這些故事往往有失真的地方，不過看起來東西方的學者，總是希望把古代大師塑造成具有「說大王則藐之」、「富貴於我如浮雲」的氣度，以及一絲不苟、又不失幽默的個性。

附錄：令人驚訝的命題

我們將《原本》中比較令人驚訝的命題，也就是笛卡兒所謂遙遠的結論，舉一些例子放在附錄。由於篇幅所限，只證明其中幾個命題。

三角形內角和是180度

「三角形內角和是180度」是小學高年級就學習的幾何性質，敘述很簡單，卻不是自明的性質。在小學教學時，第一步是請學生用量角器測量某個三角形的三個角，再加起來看看否180度。但是測量易有誤差，故只能算是初步的體驗。

為了克服這個問題，可以請學生把三個角剪下來，再將三個角的頂點疊合，讓三個角排起來像一個平角，也就是180度。這個做法比較高明，排成一直線比計算三個角的和來得令人驚豔與信服，可以感受到潛藏的規律性。不過這樣並沒有證明這個定理，畢竟操作的只是少數幾個三角形，我們怎麼知道世界上其他三角形都有一樣的結果呢？可以説這時小學生就好像古時的巴比倫人、埃及人或希臘人一樣，從經驗中歸納出某個性質，可以重複檢證，但是並沒有給出證明。這樣的知識可能實用但並不穩固。

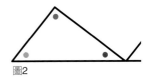

圖1

我們看一下歐基里得怎麼證明，在圖2中，用公設2歐基里得先將底邊往右延長；然後在新造的角中，作一條跟三角形左側邊平行的線。這裏歐基里得使用證明過的命題：「過線外一點，可以作一條線跟原線平行」。

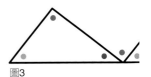

圖2

再看圖3，接下來歐基里得利用兩個平行線的基本定理：「內錯角相等」，也就是圖中兩綠角相等；以及「同位角相等」，也就是兩黃角相等。這兩個基本定理的證明類似，以「內錯角相等」為例，如果內錯角不相等，依照第五公設，這兩條線將會在某側相交，違反了原來兩線平行的假設，所以內錯角必須相等。

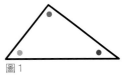

圖3

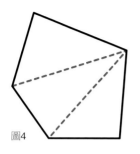
圖4

這麼一來，原來三角形綠角、黃角、紅角的和，就會等於右下角紅角、綠角、黃角的和，但這是直線，所以三內角的和是180度。這個證明不需要測量和操作，可以一體適用於所有三角形。

底下是一個應用，如圖4是一個（凸）五邊形，用虛線將這個五邊形分割成三個三角形。這個五邊形的內角和，正好是這三個三角形內角和的總和。但是每個三角形的內角和分別是180度。所以這個五邊形的內角和是180度的三倍，也就是540度。一樣的想法可以推導出多邊形內角和公式：

多邊形的內角和＝180度×（邊數-2）

用這個公式可以算出正多邊形內角的度數。例如三角形內角和是180度，所以正三角形的一個內角是180度除以3，也就是60度，其餘類推。

正多邊形邊數	內角和	內角度數
3	180	60
4	360	80
5	540	108
6	720	120

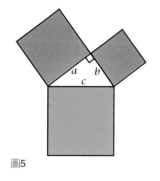
圖5

畢氏定理

由於垂直的概念在建築、測量的用處很大，幾乎所有早期文明都知道一些直角三角形的邊長關係。比如3、4、5構成直角三角形的三邊長。但這只是畢氏定理的特例。

畢氏定理是任給一直角三角形，假設最長邊（斜邊）長度為c，其他兩邊長為a和b，則 $a^2+b^2=c^2$。

任何直角三角形的三邊一定有這麼精確的關係，這是很令人驚訝的性質。而且這個定理光靠測量也是說不清楚的，就算量得再準，靠幾個特例也無法說明整個定理。因為畢氏定理太巧妙了，歷史上關於畢氏定理的證明據說近千個。底下先介紹歐基里得原來的的證明。

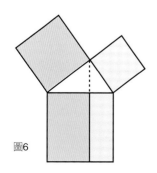
圖6

由於a^2可以想成以邊長為a的正方形面積，所以圖5的意思

是，證明畢氏定理相當於證明兩橘色正方形的面積和等於綠色正方形的面積。本圖的顏色不重要，你需要記得的是正方形的位置。

歐基里得的證明，是先如圖6（54頁）作一條垂直線，這條線將下面的大正方形割成兩個長方形。他希望證明粉紅正方形面積正好等於下方粉紅長方形的面積，同時，藍正方形面積正好等於下方藍長方形的面積。這樣就證明了畢氏定理，因為底下兩長方形面積的和就是大正方形的面積。

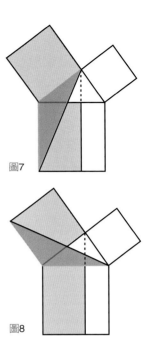

圖7

接下來如圖7、圖8，歐基里得畫了兩條線段，分別得到兩圖中的紫色三角形，他先證明這兩個紫色三角形全等，也就是它們的形狀大小都一樣。注意到，因為正方形邊長相等，所以這兩個三角形的兩條紅邊一樣長、兩條藍邊也一樣長。另外，這兩個三角形中紅藍兩邊的夾角也相等，因為它們都是直角加上同一個角。歐基里得證明過，如果兩個三角形有兩組對應邊相等，而且對應的兩邊夾角也相等，這兩個三角形就全等。所以圖7和圖8兩個紫色三角形全等。上述的全等性質稱為SAS全等性質。請想像一下三角形的對應邊、對應角疊在一起的情況，就能理解這個性質。

圖8

證明快完成了。記得我們想證明圖6上方粉紅正方形面積正好等於下面粉紅長方形的面積。圖9這個紫色三角形的紅色底邊等於正方形的一邊，而這條底邊的對應高等於正方形的另一邊。由三角形面積公式，左上粉紅色正方形的面積等於紫色三角形面積的兩倍。

圖9

再看看圖10，紫色三角形的綠色底邊是粉紅色長方形的長邊，而綠色底邊的對應高正好等於粉紅色長方形的寬邊。從三角形和長方形的面積公式知道，下面粉紅色長方形的面積等於圖10紫色三角形面積的兩倍。

由於兩紫色三角形全等，所以它們的面積相等。縱看一下上面畫底線的敘述知道，圖9粉紅正方形面積等於圖10粉紅長方形的面積。類似的推理可以證明圖6上方藍正方形面

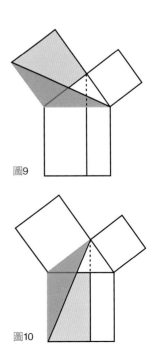

圖10

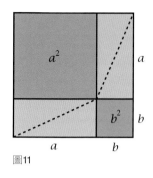

圖11

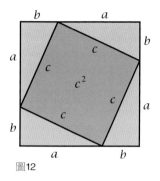

圖12

積，正好等於下方藍長方形的面積，證明了畢氏定理。

底下再介紹一個很不一樣的簡潔證明。圖11是一個邊長為a+b的正方形，我們把它切割成兩個小正方形和四個直角三角形的組合。然後移走兩個正方形，再將四個直角三角形重排一下，排成圖12圖形。注意到邊長為a+b的正方形面積不變，四個直角三角形的面積也不變。所以圖11兩個小正方形的面積和正好等於圖12中間正方形的面積。這就是畢氏定理。

三角形的心

在平面上任意找兩點，可以畫一條直線，這個顯然的事實就是《原本》的第一公設。另外，在平面上隨便畫兩條直線也幾乎總是會交於一點。這裏強調的是「隨便」畫，如果你故意找碴，當然可以特別畫成兩條平行線或者「兩」條重疊的線。問題是如果隨便畫，會畫成平行線或重疊線的機率是0。這是一種直覺，你隨便找兩個點一定能畫一條直線，隨便找兩根線「一定」會相交。

但是如果把「二」換成「三」呢？隨便找三個點，這三個點會在同一條直線上嗎？隨便畫三條直線，這三條直線會交於一點嗎？畫幾個例子，你就會相信這是很不可能、機率等於0的事情，如果真的發生了應該去買樂透。

這個問題可以這樣分析：因為兩點決定一直線，所以如果第三點要和前面兩點在同一直線上，相當於亂選的第三點要正好落在前兩個點決定的直線，這當然非常不可能。同樣的，任意畫兩直線多半會交於一點，但是如果第三條線要和前面兩線有共同的交點，相當於亂畫的第三線正好要通過那個交點，當然也是很不可能的。

因此三角形的心顯得很不可思議，因為這些心都是三條線的交點。如圖13至16。其中分角線是將角對分成兩半的直線；垂直平分線是通過一線段中點，並垂直於此線段的直線；

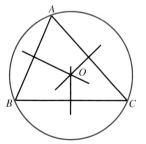

圖13 內心：三分角線交點，內切圓圓心

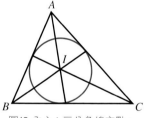

圖14 外心：三垂直平分線交點，外切圓圓心

中線是頂點到對邊中點的連線；高是頂點到對邊的垂直線。

其中圖16，就是愛因斯坦覺得很不可思議但又不能不相信
的垂心。這種驚奇產生的美妙感，吸引了歷史上許多數學愛
好者，往下發掘更深刻、更匪夷所思，卻又不能不相信的幾
何性質。

例如十八世紀的大數學家歐拉（Euler）就發現，前述三角
形的垂心、重心、外心一定共線（圖17中依序為藍、綠、橘
點落在紅線上）。我們說過，三線交於一點或三點在同一線
上令人驚奇，而垂心、重心、外心已經是三重驚奇，沒想到
這三點竟然還在同一線上，這實在太令人驚訝了。沒想到，
歐拉還可以證明，不管三角形長什麼樣子，垂心到重心的距
離一定是重心到外心距離的兩倍！

柏拉圖物體

這個題材是有點神秘的課題，這分神秘和數學的令人驚奇
的確定性有很大的關係。

下面有五個正多面體，分別是正四面體、正六面體（就是
正方體）、正八面體、正十二面體和正二十面體。所謂正多

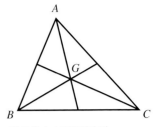

圖15 重心：三中線交點

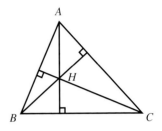

圖16 垂心：三高交點

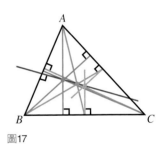

圖17

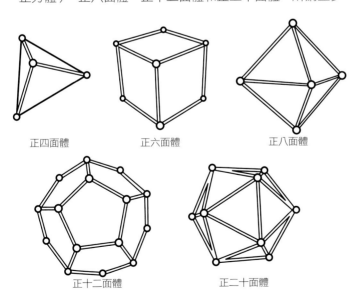

正四面體　　　　　正六面體　　　　　正八面體

正十二面體　　　　　正二十面體

面體就是由全等正多邊形構成的立體形體。正多面體有很高的對稱性，不論從哪一個頂點看，看到的樣子都一樣。仔細觀察可以發現正四面體、正八面體、正二十面體是由正三角形所構成的，而正六面體是正方形，而正十二面體則是正五邊形。它們都有類似的旋轉對稱性質，這個性質很像超級對稱的圓球，所以讓正多面體帶著神聖的氣質。

喜歡工藝剪紙的朋友也許會躍躍欲試，想用正三角形做出屬於正三角形的正六面體。但是歐基里得證明這是不可能的，所有的正多面體只有這五種，沒有別的可能。為什麼柏拉圖物體只有五個？首先觀察到正多面體的頂點旁至少要有三個正多邊形，而且這些多邊形的角度和不能超過360度，不然它就是平的或者歪七扭八。可以看出，只有正三角形、正方形、正五邊形滿足這些條件。

當然這三種合格的正多邊形，在頂點旁的角度和也不能超過360度。因為正三角形的內角是60度，所以容許頂點旁的正三角形個數可以是三個、四個或五個。同樣道理，如果用正方形來構造正多面體，只容許頂點旁有三個正方形的情形；正五邊形也一樣。所以整理一下正好有五種可能，其中三種用到正三角形（正四面體、正八面體、正二十面體），一種用到正方形（正立方體），一種用到正五邊形（正十二面體）。不過嚴格來說，以上的推理只說明了正多面體頂多有五種，但是這五種情形是不是真的都存在呢？這才是歐基里得在《原本》裏的挑戰。

因為正多面體只有五種，這些稀少又神聖的多面體讓人多了許多想像空間。這五種正多面體之所以稱為「柏拉圖物體」，因為在柏拉圖的對話錄《蒂邁歐斯篇》裏，他將四個構成宇宙的基本元素──地、水、火、風，分別對應到四種正多面體，例如正四面體最小，可能比較靈活，所以對應到「火」；正立方體適合堆疊，所以配上「土」；二十面體最像球，所以配上流動的「水」；正八面體則是「風」。剩下的

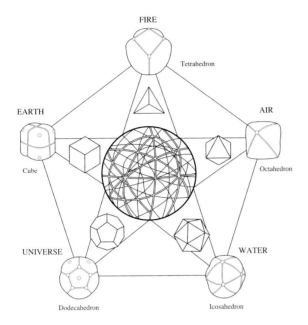

FIRE

Tetrahedron

EARTH

AIR

Cube

Octahedron

UNIVERSE

WATER

Dodecahedron

Icosahedron

正十二面體，因為正五邊形是比較神秘的多邊形，所以就對
應到神秘的第五元素以太。

　　歐基里得撰寫《原本》時，把柏拉圖物體放在全書壓軸。
普洛克勒斯身為新柏拉圖哲學的大家，就認為歐基里得撰
寫《原本》的目的，是為了討論柏拉圖物體。數學裏不可思
議又確定的莊嚴感，和神秘或神聖的宗教感其實只有一牆之
隔，怪不得雖然數學本質理性，卻又能與奧秘的論述掛鉤。

質數有無窮多個

　　以上都是純粹的幾何課題，底下談談《原本》中處理數
的例子。本例的數指的是整數，但希臘人沒有負數和0的概
念，所以就是一般的自然數1, 2, 3……。

　　首先回顧小學學過的質數。如果有一個數可整除另一個
數，前者稱為後者的因數，例如1, 2, 3, 4, 6, 12都是12的因
數。每一個數至少有兩個因數，一個是1，另一個是自己。
如果一個數只有這兩個因數，這種孤單無友的數稱為質數。

　　質數在整數中扮演了「原子」的角色，因為所有整數都是

（上圖）《蒂邁歐斯篇》裏的四
個構成宇宙的基本元素圖。

59

由質數組成的，這就是質因數分解定理（當然這是《原本》中的命題），例如

12＝2×2×3

105＝3×5×7

其中因數2, 3, 5, 7都是質數。由這個定理知道，除了1之外，一個數只要不是質數，就一定有質數的因數。

觀察100以內的所有質數

2, 3, 5, 7, 11, 13, 17, 19, 23, 29, 31, 37, 41, 43, 47, 53, 59, 61, 67, 71, 73, 79, 83, 89, 97

很容易可以發現，除了2以外所有質數都是奇數；除了5以外，所有質數的個位數都不會是5。但是除此之外，就看不出質數的其他規則，頂多只感覺到質數似乎愈來愈稀疏。如果列出1000以內的質數，你會更強烈地感受到這個事實。質數愈來愈少，讓人懷疑質數的個數是有限的，也許超過一億後就不會再有質數。但是在兩千年前，歐基里得就證明了質數有無窮多個。

這個定理最令人驚訝的不是敘述本身，畢竟我們對於很大的數其實沒有概念。問題是歐基里得怎麼可能證明這個定理？！比如隨便給一個大數，例如：135797531357，我們怎麼知道它是不是質數？就算經過冗長計算判斷它不是質數，那再換一個數，豈不是又要從頭再算起（這個困難的事實正是今日密碼學的基礎），那麼兩千年前歐基里得面對無窮多個整數時，怎麼可能檢查所有的整數呢？在這個例子我們要介紹歐基里得的法寶「歸謬法」。

他的想法如下：先假設質數的個數是有限的，然後說明這個假設會得到荒謬的結果，因此這個假設不可能正確，所以質數就必須有無窮多個。比如就假設全部的質數只有a、b、c三個（你可以換成任何一個數目，論證的方法都一樣），我

們要説明這是不可能的。例如考慮 $a \times b \times c + 1$，前面説過一個數如果不是質數，就一定有質數的因數。因此本來假設的質數$a \times b \times c$中至少有一個必須整除 $a \times b \times c + 1$，但這是不可能的，因為這個數被a、b或c除時的餘數都是1。這樣就得到一個荒謬的推論：$a \times b \times c + 1$ 必須至少被a、b或c之一整除，但又不可能被a、b與c整除。所以唯一的可能就是前提是錯的，質數不可能只有三個。同樣的推理可以用到任何質數數目有限的前提，這表示質數的數目不可能是有限個。

有兩點值得一提，上面的證明基本上就是歐基里得的證明。不過我們只用了幾行字，原來的證明看起來卻比較複雜。這是因為希臘人將數都解釋成線段的長度，因此整數論的問題和證明，全部被轉化成幾何式的問題和證明，這是希臘數學的特色。其次，這是歷史上第一個嚴格處理「無窮」議題的嘗試，不過歐基里得用的方式很保守，他只説質數的數目數不完，這也是希臘人面對無窮時的態度，和普通人的想法類似。真正面對無窮還能分出不同無窮等級的，是十九世紀的德國數學家康托（Cantor），兩人的時間相去兩千年。

√2不是分數

畢氏定理是畢達哥拉斯或是他的學派（畢氏學派）的貢獻，但是證明這個定理，對畢氏學派卻是災難。畢達哥拉斯相信萬物由數所造，這個素樸的宇宙觀相當於伽利略所説的「宇宙是用數學為語言所寫成的大書」。只是畢氏學派認定的數是整數，頂多容許作為整數比的分數。但是畢氏定理卻説，如果一個直角等腰三角形的兩短邊是1，那麼它的斜邊長平方就必須是$1^2+1^2 = 2$，因此斜邊長用現代的寫法就是 $\sqrt{2}$。底下將說明 $\sqrt{2}$不是分數。因此發現存在一個不是分數的數，就成了動搖畢氏學派的大忌，依據誇張的傳説，他們把發現這件事的人丟到海裏避免洩密。

要怎麼説明一個數不是分數呢？歐基里得再次動用歸謬

法，先假設 $\sqrt{2}$ 是分數，說明這個假設得到荒謬的結果，因此假設一定是錯的，所以 $\sqrt{2}$ 不是分數。

假設 $\sqrt{2}$ 是分數。因為任何分數經過約分後都可以表示成最簡分數。因此不妨假設 $\sqrt{2} = \dfrac{q}{p}$，其中 p 和 q 之間除了 1 沒有其他的共同因數。因為 $\sqrt{2}$ 的平方等於 2，

所以

$$\left(\frac{q}{p}\right)^2 = \frac{q^2}{p^2} = 2$$

因此

$$q^2 = 2p^2$$

這表示 q^2 是一個偶數，因此 q 本身必須是偶數（這是因為奇數的平方是奇數，所以 q 不可能是奇數）。既然 q 是偶數，就可以表示成 $q = 2k$，其中 k 是整數。將 $q = 2k$ 代回上面的等式 $q^2 = 2p^2$ 中，得到

$$2p^2 = q^2 = (2k)^2 = 4k^2$$

將左右兩邊消去 2，得到

$$p^2 = 2k^2$$

這表示 p^2 是偶數，因此 p 本身也是偶數。既然 p 和 q 都是偶數，就表示 $\dfrac{q}{p}$ 還可以用 2 再約分，但是前面我們已經假設 $\dfrac{q}{p}$ 是不能再約分的最簡分數，於是造成了矛盾。所以從歸謬法證明了 $\sqrt{2}$ 不可能是分數。

這個證明是今天高中生學習的版本，使用比較清爽的代數符號。歐基里得原來的證明充滿了難懂的幾何論證，不過他原來的證明並不只是比較繁瑣而已，由於像 $\sqrt{2}$ 這類非分數的無理數理論遠比整數、分數要困難，因此《原本》第十卷的無理數討論，只能算是人類挑戰無理數的首次未成熟的正面交鋒，在這方面歐基里得承繼綜合了尤多瑟士的思考精華。他們雖然提出「不可公度量」的基本概念來刻畫無理量，並加以發展，但是由於攪和在用幾何討論數的泥潭裏面，進展並不大。這反映了無理數理論本身的深度，也旁證了使用恰當符號和工具的重要性。

隱藏在**Akibo**機器人幾何世界裏的
公設與命題

Akibo

藝術家、設計師。曾任實踐大學應用美術系講師、國立台灣師範大學駐校藝術家，

現任台北科技大學互動媒體設計研究所講師，**Akibo Works** 負責人。

曾為台灣流行音樂創作許多令人矚目的經典設計；同時創作許多機器人作品，

從純藝術創作擴及到商業品牌、表演藝術、公共藝術等各個領域。

公設 5 **平行公設** （或「歐基里得第五公設」）

同平面內一條直線和另外兩條直線相交，若在某一側的兩個內角的和小於二直

角，則這二直線經無限延後在這一側相交。

卷I 命題1

在一個已知有限直線上作一個等邊三角形。

卷I 命題5

在等腰三角形中，兩底角彼此相等，
並且若向下延長兩腰。則在底以下的
兩角也彼此相等。

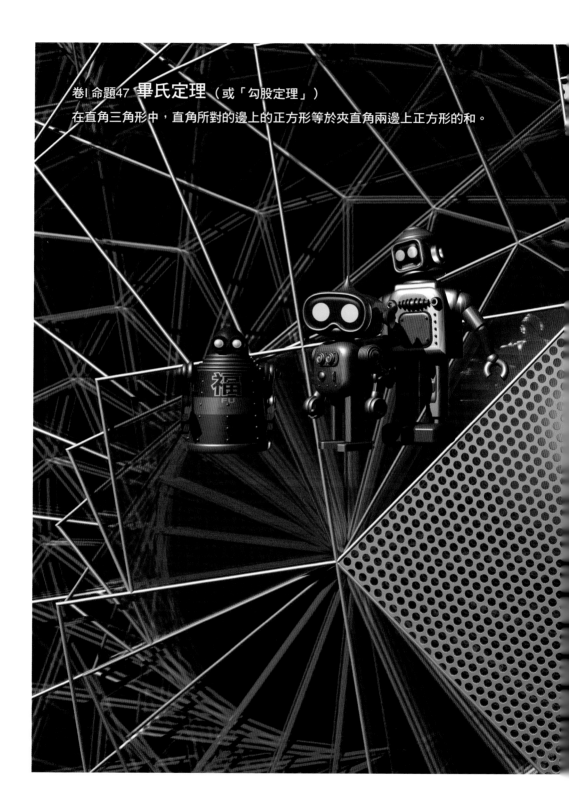

卷I 命題47 **畢氏定理**（或「勾股定理」）

在直角三角形中，直角所對的邊上的正方形等於夾直角兩邊上正方形的和。

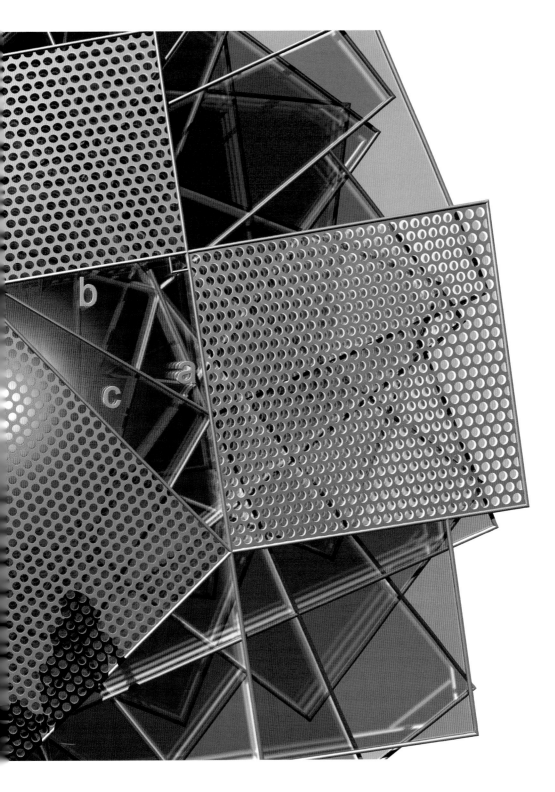

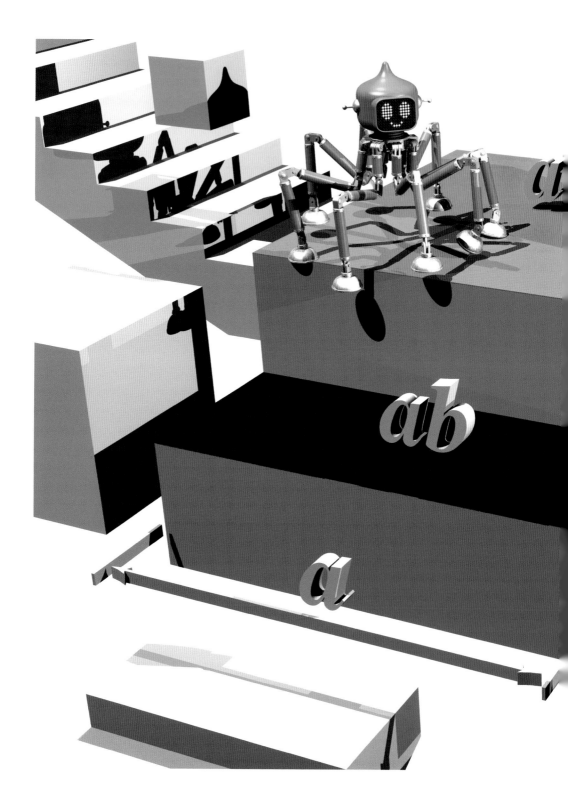

卷II 命題4 **和平方**

如果任意兩分一個線段。則在整個線段上的正方形等於各個小線段上的正方形的和加上由兩小線段構成的矩形的二倍。

代數表示$(a + b)^2 = a^2 + 2ab + b^2$

卷III 命題21 **圓周角都相等**

在一個圓中，同一弓形上的角是彼此相等的。

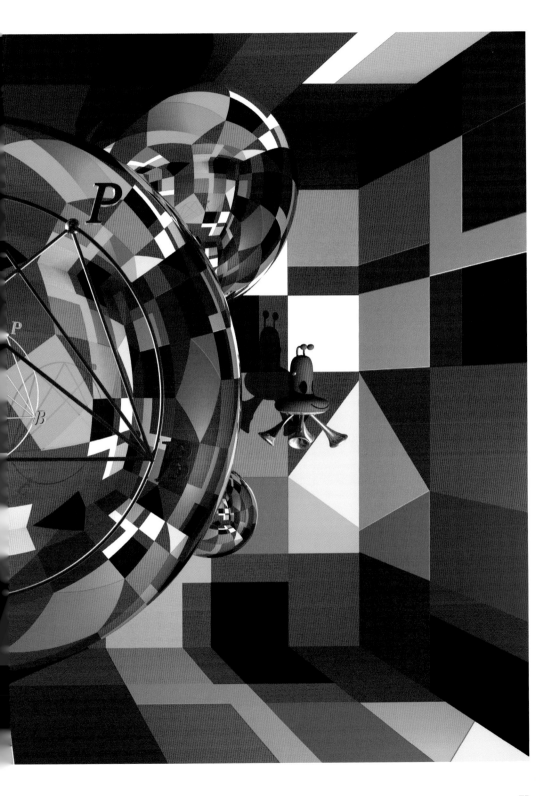

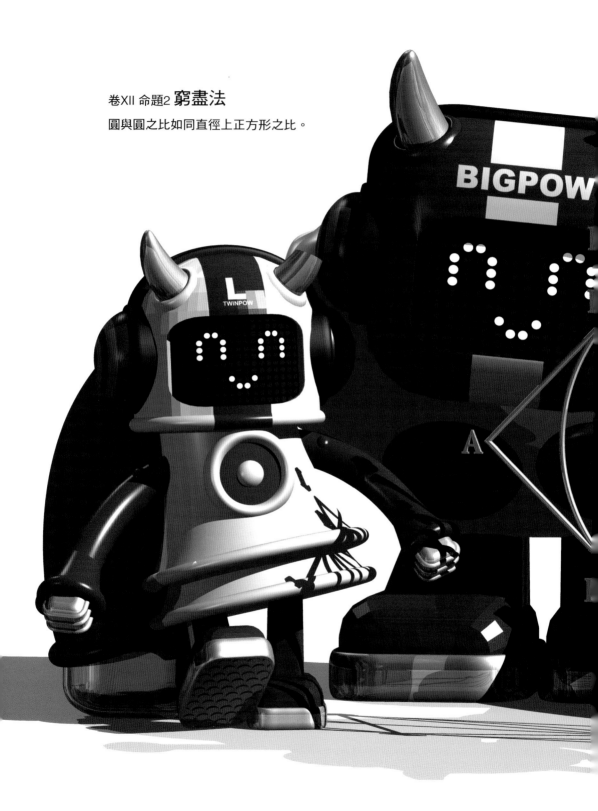

卷XII 命題2 **窮盡法**

圓與圓之比如同直徑上正方形之比。

卷XIII

命題13 **正四面體**

在已知球內作內接稜錐，並且證明球
直徑上的正方形是稜錐一邊上正方形
的一倍半。

命題17 **正十二面體**
與前面一樣，求作已知球的內接十二
面體，並且證明這十二面體的邊是稱
為餘線的無理線段。

原典選讀

歐基里得 原著
藍紀正、朱恩寬 譯
翁秉仁 補注①

九章出版社授權使用

【補注】
①原文譯本取自九章出版社，譯自T.L.Heath "The Thirteen Books of Euclid's Elements" (1908, 劍橋大學出版社)。
Heath原書是有長篇評注的三巨冊，新譯本僅譯出歐基里得原文部分。

第 I 卷

定義

1.點是沒有部分的。②

2.線只有長度而沒有寬度。

3.一線的兩端是點。

4.直線是它上面的點一樣的平放著的線。

5.面只有長度和寬度。

6.面的邊緣是線。

7.平面是它上面的線一樣的平放著的面。

8.平面角是在一平面內但不在一條直線上的兩條相交線相互的傾斜度。

9.並且當包含角的兩條線是直線時，這個角叫做直線角。

10.當一條直線和另一條直線交成的鄰角彼此相等時，這些角的每一個叫做直角，而且稱一條直線垂直於另一條直線。

11.大於直角的角叫做鈍角。

12.小於直角的角叫做銳角。

13.邊界是物體的邊緣。

14.圖形是被一個邊界或幾個邊界所圍成的。

15.圓是由一條線包圍著的平面圖形，其內有一點與這一條線上的點連接成的所有線段都相等。

16.而且把這個點叫做圓心。

17.圓的直徑是過圓心而在兩個方向終止的圓周上的任意線段，且把圓二等分。

18. 半圓是直徑和由它截得的圓弧所圍成的圖形。而且半圓的心和圓心相同。

19. 直線形是由線段圍成的，三邊形是由三條線段圍成的，四邊形是由四條線段圍成的，多邊形是由四條以上線段圍成的。

20. 在三邊形中，三條邊相等的，叫做等邊三角形；做兩條邊相等的，叫做等腰三角形；各邊不相等的，叫做不等邊三角形。

21. 此外，在三邊形中，有一角是直角的，叫做直角三角形；有一個角是鈍角的，叫做鈍角三角形；有三個角是銳角的，叫做銳角三角形。

22. 在四邊形中，四邊相等且四個角是直角的，叫做正方形；角是直角，但四邊不全相等的，叫做長方形；四邊相等，但角不是直角的，叫做菱形；對角相等且對邊也相等，但邊不全相等且角不是直角的，叫做平行四邊形；其餘的四邊形叫做不規則四邊形。③

23. 平行直線是在同平面內的直線，向兩個方向無限延長，在不論哪個方向它們都不相交。

公設

1. 由任意一點到任意一點可作直線。④
2. 一條有限直線可以繼續延長。
3. 以任意點為心及任意的距離可以畫圓。

4.凡直角都相等。

5.同平面內一條直線和另外兩條直線相交，若在某一側的兩個內角的和小於二直角，則這二直線經無限延後在這一側相交。⑤

設 準

1.等於同量的量彼此相等。

2.等量加等量，其和仍相等。

3.等量減等量，其差仍相等。

4.彼此能重合的物體是全等的。

5.整體大於部分。⑥

【補注】

② 在定義1、2、5中，歐基里得試著定義點、線、面這三個最基本的幾何概念，但是顯得晦澀而不成功。歐基里得心目中的幾何學顯然對外在世界有所指涉，他用定義的敘述來努力捕捉這個意義。而在希爾伯特的《幾何基礎》中，則把這三個基本概念視為無定義名詞，是定義其他概念、或敘述公設與命題的基礎，所有命題之間有嚴謹的邏輯關係，但並不需要意義介入。所以希爾伯特才說，只要可行，將點、線、面解釋成桌、椅、啤酒杯也無不可。

雖然歐基里得和希爾伯特都使用公設演繹法，背後的數學哲學觀卻很不同。歐基里得的公設法近於科學，希望以幾何描述外在世界，得到的是與外在世界有關的知識。希爾伯特將幾何描述成形式系統，而外在世界只是這個系統的一種可能解釋或應用而已。歐基里得的想法協助推動了科學的前進，希爾伯特的想法日後卻成為二十世紀形式主義數學觀與純數學的濫觴，帶來和科學分道揚鑣的後果。

一般人學習幾何學時，其實並不很在意這些定義，而是藉由幾何直觀、學習脈絡以及反覆練習來習得這些名詞的確定意義。頂多就像早期中學課本用「鉛筆在紙上輕輕一點近似於一個點」的方式來說明。

③ 兩點值得一提：歐基里得並未定義過平行四邊形，因此在命題34的敘述比較複雜。其次，依照歐基里得的定義，正方形並不是長方形，也不是菱形，但是現代數學處理這個問題時，傾向於將正方形視為長方形和菱形的特例。這個矛盾經常造成中小學教學現場的爭執。

④ 嚴格的說，公設1並未強調過兩點只能作一條直線，也沒有強調作的是線段還是直線。從日常直尺畫線的經驗，我們相信所作直線是唯一的，歐基里得應該也是這樣相信的。如果把地球上的大圓想成是直線（這並不荒謬，至少飛機的航線走的就是兩點間最短的大圓航線），那麼過兩點之間其實可以做兩條「線段」。過南北極兩點，甚至可以作無窮多條「直線」。球面幾何或相近的橢圓幾何是非歐幾何的一種，滿足歐基里得原來的五個公設（其中要稍微削弱公設3的敘述），但這不是歐基里得的原意，請見命題16的注釋。

⑤ 公設5的敘述並沒有斷言一定存在平行線。因此和常用來替代平行公設的「過線外一點存在唯一平行線」（Playfair公設）並不等價。比如球面幾何滿足公設5的敘述，但是球面上任何兩直線（大圓）一定會相交，因此並不存在平行線。我們將在命題27和命題31中繼續討論這個問題。

另外，當羅巴切夫司基和波雅伊藉由否定平行公設發展非歐幾何時，所謂否定，就是他們假設當同側內角和小於180度時，兩線仍然可能平行。

⑥ 一般人認為「整體大於部分」無庸置疑。不過德國數學家康托在處理無窮的議題時，挑戰了這個直觀的常識。他證明了偶數和整數的數目一樣多；一條直線上的點和一個平面上的點的數目一樣多。一碰到無窮的題材，直觀就會受挫，這是數學中很有趣味的課題。

命題1

命 題

在一個已知有限直線上作一個等邊三角形。⑦

設AB是已知有限直線。

那麼，要求在線段AB上作一個等邊三角形。

以A為心，且以AB為距離畫圓BCD；　　　　（公設3）

再以B為心，且以BA為距離畫圓ACE；　　　　（公設3）

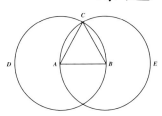

由兩圓的交點C到點A，B連線CA，CB。　　　（公設1）

因為點A是圓CDB的圓心，AC等於AB。　　　（定義15）

又點B是圓CAE的圓心，BC等於BA。　　　　（定義15）

但是已經證明了CA等於AB；

所以線段CA，CB都等於AB。

而且等於同量的量彼此相等。　　　　　　　（設準1）

所以CA也等於CB。

三條線段CA，AB，BC彼此相等。

所以三角形ABC是等邊的，即在已知有限直線AB上作出了這個三角形。

　　　　　　　　　　　　　　這就是所要求作的。

【補注】

⑦ 從命題1到命題12，歐基里得發展了各種尺規作圖的材料，例如作線段、作垂線、作分角線、作垂足等等作圖法，在1.0導讀中我們解釋這是為了確定定義中的概念都真的存在。而為了確認這些作圖法正確無誤，歐基里得同時發展了各種證明需要的三角形全等性質，例如命題4是SAS全等性質，命題7和8是SSS全等性質（至於ASA和AAS全等性質則要等到命題26）。

命題2

由一個已知點（作為端點）作一線段等於已知線段。

設*A*是已知點，*BC*是已知線段。

那麼，要求由點*A*（作為端點）作一線段等於已知線段*BC*。

由點*A*到點*B*連線段*AB*，　　　　　　　　（公設1）

而且在*AB*上作等邊三角形*DAB*，　　　　　（Ⅰ.1）⑧

延長*DA*，*DB*成直線*AE*，*BF*，　　　　　（公設2）

以*B*為心，以*BC*為距離畫圓*CGH*。　　　　（公設3）

再以*D*為心，以*DG*為距離畫圓*GKL*。　　　（設準3）

因為點*B*是圓*CGH*的心，故*BC*等於*BG*。

且點*D*是圓*GKL*的心，故*DL*等於*DG*。

又*DA*等於*DB*，所以餘量*AL*等於餘量*BG*。　（設準3）

但已證明了*BC*等於*BG*，所以線段*AL*，*BC*的每一個都等於*BG*。又因等於同量的量彼此相等。

　　　　　　　　　　　　　　　　　　　　（設準1）

所以*AL*也等於*BC*。

從而由已知點*A*作出了線段*AL*等於已知線段*BC*。

　　　　　　　　　　　這就是所要求作的。

【譯注】

⑧（Ⅰ.1）表示第Ⅰ卷，第一個命題，此後均如此。

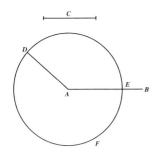

命題3

已知兩條不相等的線段，試由大的上邊截取一段線段使它等於另外一條。

設*AB*，*C*是兩條不相等的線段，且*AB*大於*C*。

這樣要求由較大的*AB*上截取一段等於較小的*C*。

由點*A*取*AD*等於線段*C*，　　　　　　　（Ⅰ.2）

且以*A*為心，以*AD*為距離畫圓*DEF*。　　（公設3）

因為點*A*是圓*DEF*的圓心，作*AE*等於*AD*。（定義15）

但*C*也等於*AD*。所以線段*AE*、*C*的每一條都等於*AD*；這樣，*AE*也等於*C*。　　　　　　　（設準1）

所以，已知兩條線段*AB*、*C*，由較大的*AB*上截取了*AE*等於*C*。

　　　　　　　　　　　　　　這就是所要求作的。

命題4

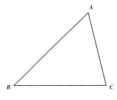

如果兩個三角形有兩邊分別等於兩邊，而且這些相等的線段所夾的角相等。那麼，它們的底邊等於底邊，三角形全等於三角形，而且其餘的角等於其餘的角，即那些等邊所對的角。

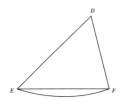

設*ABC*，*DEF*是兩個三角形，兩邊*AB*、*AC*分別等於邊*DE*、*DF*。即*AB*等於*DE*，且*AC*等於*DF*，以及角*BAC*等於角*EDF*。

則可證底*BC*也等於底*EF*，三角形*ABC*全等於三角形*DEF*，其餘的角分別等於其餘的角，即這些等邊

所對的角，也就是角*ABC*等於角*DEF*，且角*ACB*等
於角*DFE*。

如果移動三角形*ABC*到三角形*DEF*上，若點*A*落在
點*D*上且線段*AB*落在*DE*上，因為*AB*等於*DE*。那
麼，點*B*也就與點*E*重合。

又，*AB*與*DE*重合，因為角*BAC*等於角*EDF*，線段
*AC*也與*DF*重合。

因為*AC*等於*DF*，故點*C*也與點*F*重合。

但是，*B*也與*E*重合，故底*BC*也與底*EF*重合。

〔事實上，當*B*與*E*重合且*C*與*F*重合時，底*BC*不與底
*EF*重合。則二條直線就圍成一塊空間：這是不可能
的。所以底*BC*就與*EF*重合〕二者就相等。 （設準4）

這樣，整個三角形*ABC*與整個三角形*DEF*重合，於
是它們全等。

且其餘的角也與其餘的角重合，於是它們都相等，
即角*ABC*等於角*DEF*，且角*ACB*等於角*DFE*。

這就是所要證明的。

命題5

在等腰三角形中，兩底角彼此相等，並且若向下延
長兩腰，則在底以下的兩角也彼此相等。

設*ABC*是一個等腰三角形，邊*AB*等於邊*AC*，且延
長*AB*，*AC*成直線*BD*，*CE*。 （公設2）

則可證角*ABC*等於角*ACB*，且角*CBD*等於角*BCE*。

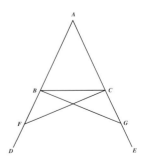

在BD上任取一點F，且在較大的AE上截取一段AG

等於較小的AF，　　　　　　　　　　　（Ⅰ.3）

連接FC和GB。　　　　　　　　　　　　（公設1）

因為AF等於AG，AB等於AC，兩邊FA、AC分別等

於邊GA、AB，且它們包含著公共角FAG。

所以底FC等於底GB，且三角形AFC全等於三角形

AGB，其餘的角也分別相等。即相等的邊所對的

角，也就是角ACF等於角ABG，角AFC等於角AGB。

又因為，整體AF等於整體AG，且在它們中的AB等

於AC，餘量BF等於餘量CG。

但是已經證明了FC等於GB；

所以，兩邊BF、FC分別等於兩邊CG、GB，且角

BFC等於角CGB。

這裏底BC是公用的；所以，三角形BFC也全等於三

角形CGB；又，其餘的角也分別相等，即等邊所對

的角。

所以角FBC等於角GCB，且角BCF等於角CBG。

由以上已經證明了整個角ABG等於角ACF，且角

CBG等於角BCF，其餘的角ABC等於其餘的角ACB。

又它們都在三角形ABC的底邊以上。

從而也就證明了角FBC等於角GCB，且它們都在三

角形的底邊以下。

　　　　　　　　　　　　　　　　　　　證完。

命題6

如果在一個三角形中，有兩角彼此相等，則等角所
對的邊也彼此相等。

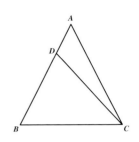

設在三角形ABC中，角ABC等於角ACB。

則可證邊AB也等於邊AC。

若AB不等於AC，其中必有一個較大，設AB是較大
的；由AB上截取DB等於較小的AC。連接DC。

那麼，DB等於AC且BC公用，兩邊DB、BC分別等
於邊AC、CB，且角DBC等於角ACB。

所以，底DC等於底AB，且三角形DBC全等於三角
形ACB，即小的等於大的；這是不合理的。

所以，AB不能不等於AC，從而彼此相等。

證完。

命題7

在已知線段上（從它的兩個端點）作出相交於一點
的二線段，則不可能在該線段（從它的兩個端點）
的同側作出相交於另一點的另二條線段，使得作出
的二線段分別等於前面二線段。即每個交點到相同
端點的線段相等。

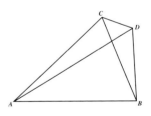

因為，如果可能的話，在已知線段AB以上作出交
於點C的兩條線段AC、CB。設在AB同側能作另外
兩條線段AD、DB相交於另外一點D。而且這二線
段分別等於前面二線段，即每個交點到相同的端

點。這樣CA等於DA，它們有相同的端點A，且CB
等於DB，它們也有相同的端點B。連接CD。

因為，AC等於AD，角ACD也等於角ADC，　（Ⅰ.5）
所以，角ADC大於角DCB，所以角CDB比角DCB更
大。

又，因為CB等於DB，且角CDB也等於角DCB，但
它已被證明了更大於它：這是不可能的。

證完。

命題8

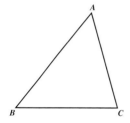

如果兩個三角形的一個有兩邊分別等於另一個的兩
邊，並且一個的底等於另一個的底，則夾在等邊中
間的角也相等。

設ABC、DEF是兩個三角形，兩邊AB、AC分別等
於兩邊DE、DF，即AB等於DE，且AC等於DF。又
設底BC等於底EF。

則可證角BAC等於角EDF。

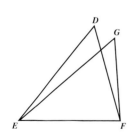

若移動三角形ABC到三角形DEF，且點B落在點E
上，線段BC在EF上，點C也就和F重合。

事實上，BC等於EF。

故BC和EF重合，BA、AC也和ED、DF重合。

因為，若底BC與底EF重合，且邊BA、AC不與ED、DF
重合而落在它們旁邊的EG、GF處。

那麼，在已知線段（從它的端點）以上有相交於一

點的已知兩條線段，這時，在同一線段（從它的端點）的同一側作出了交於另一點的另外兩條線段，它們分別等於前面二線段。即每一交點到同一端點的線段相等。

但是不能作出後二線段。　　　　　　　　　（Ⅰ.7）

如果把底BC移動到底EF，邊BA、AC和ED、DF不重合：這是不可能的。因此，它們要重合。這樣一來，角BAC也重合於角EDF，即它們相等。

　　　　　　　　　　　　　　　　　　證完。

命題9

二等分一個已知直線角。

設角BAC是一個已知直線角，要求二等分這個角。

設在AB上任意取一點D，在AC上截取AE等於AD；

　　　　　　　　　　　　　　　　　　（Ⅰ.3）

連接DE，且在DE上作一個等邊三角形DEF，連接AF。　　　　　　　　　　　　　　　　　　（Ⅰ.1）

則可證角BAC被AF所平分。

因為，AD等於AE，且AF公用，兩邊DA、AF分別等於兩邊EA、AF。

又底DF等於底EF；

所以，角DAF等於角EAF。　　　　　　（Ⅰ.8）

從而，直線AF二等分已知直線角BAC。

　　　　　　　　　　　　　　　　　　作完。

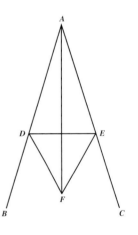

命題10

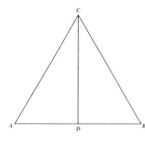

二等分已知有限直線。

設AB是已知有限直線,那麼,要求二等分有限直線AB。

設在AB上作一個等邊三角形ABC。　　　　　（Ⅰ.1）

且設直線CD二等分角ACB。　　　　　　　　（Ⅰ.9）

則可證線段AB被點D二等分。

事實上,由於AC等於CB,且CD公用;兩邊AC、CD分別等於兩邊BC、CD;且角ACD等於角BCD。

所以,底AD等於底BD。　　　　　　　　　　（Ⅰ.4）

從而,將已知有限直線AB二等分於點D。

　　　　　　　　　　　　　　　　　　　　作完。

命題11

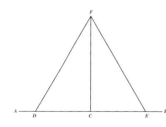

由已知直線上一已知點作一直線和已知直線成直角。

設AB是已知直線,C是它上邊的已知點。那麼,要求由點C作一直線和直線AB成直角。

設在AC上任意取一點D,再在CB上取一點E,且使CE等於CD,　　　　　　　　　　　　　　　　（Ⅰ.3）

在DE上作一個等邊三角形FDE,連接FC。　（Ⅰ.1）

則可證直線FC就是由已知直線AB上的已知點C作出的和AB成直角的直線。

事實上,因為DC等於CE,且CF公用;兩邊DC、

*CF*分別等於兩邊*EC*、*CF*；且底*DF*等於底*FE*，

所以，角*DCF*等於角*ECF*， （Ⅰ.8）

它們又是鄰角。但是，當一條直線和另一條直線相

交成相等的鄰角時，這些等角的每一個都是直角。

（定義10）

所以，角*DCF*、*FCE*每一個都是直角。

從而，由已知直線*AB*上的已知點*C*作出的直線*CF*和

*AB*成直角。

作完。

命題12

由已知無限直線外一已知點作該直線的垂線。

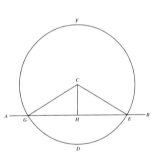

設*AB*為已知無限直線，且設已知點*C*不在它上。要

求由*C*作無限直線*AB*的垂線。

設在直線*AB*的另一側任取一點*D*，且以點*C*為心，

以*CD*為距離作圓*EFG*。 （公設3）

設線段*EG*被點*H*二等分， （Ⅰ.10）

連接*CG*，*CH*，*CE*。 （公設1）

則可證*CH*就是由不在已知無限直線*AB*上的已知點

*C*所作該直線的垂線。

因為*GH*等於*HE*，且*HC*公用；兩邊*GH*、*HC*分別等

於兩邊*EH*、*HC*；且底*CG*等於*CE*。

所以，角*CHG*等於角*EHC*。 （Ⅰ.8）

且它們又是鄰角。

但是，當兩條直線相交成相等的鄰角時，每一個角都是直角，而且稱一條直線垂直於另一條直線。

（定義10）

所以，由不在已知無限直線AB上的已知點C作出了CH垂直於AB。

作完。

命題13

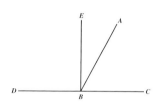

一條直線和另一條直線所交成的鄰角，或者是兩個直角或者它們等於兩個直角的和。⑨

設任意直線AB在直線CD的上側和它交成角CBA、ABD。

則可證角CBA、ABD或者都是直角或者其和等於兩個直角。

現在，若角CBA等於角ABD，那麼它們是兩個直角。

（定義10）

但是，假若不是，設BE是由點B所作的和CD成直角的直線。　　　　　　　　　　　　（Ⅰ.11）

於是角CBE、EBD是兩個直角。

這時因為角CBE等於兩個角CBA、ABE的和，給它們各加上角EBD；則角CBE、EBD的和就等於三個角CBA、ABE、EBD的和。　　　　　（設準2）

再者，因為角DBA等於兩個角DBE、EBA的和，給它們各加上角ABC，則角DBA、ABC的和就等於三

個角*DBE*、*EBA*、*ABC*的和。　　　　　　　（設準2）

但是，角*CBE*、*EBD*的和也被證明了等於相同的三個角的和。

而等於同量的量彼此相等，　　　　　　　　（設準1）

故角*CBE*、*EBD*的和也等於角*DBA*、*ABC*的和。但是角*CBE*、*EBD*的和是兩直角。

所以，角*DBA*、*ABC*的和也等於兩個直角。

　　　　　　　　　　　　　　　　　　證完。

【補注】

⑨ 命題**13**和命題**14**處理直線和平角的意義（平角不是歐基里得的用語，他所認定的角的角度小於**180**度），將直線和角度的度量相結合。此後一直到命題**26**，陸續證明了許多國中生耳熟能詳的邊角關係性質，例如「大角對大邊」、「大邊對大角」、「三角形兩邊和大於第三邊」、「樞紐定理」等。其中請讀者特別留意命題**16**的注釋。

命題14

如果過任意直線上一點有兩條直線不在這一直線的同側，且和直線所成鄰角和等於二直角，則這兩條直線在同一直線上。

因為，過任意直線*AB*上面一點*B*，有二條不在*AB*同側的直線*BC*、*BD*成鄰角*ABC*、*ABD*，其和等於二直角。

則可證*BD*和*CB*在同一直線上。

事實上，如果*BD*和*BC*不在同一直線上，設*BE*和*CB*在同一直線上。因為，直線*AB*位於直線*CBE*之上，

角*ABC*、*ABE*的和等於兩直角。 （Ⅰ.13）

但角*ABC*、*ABD*的和也等於兩直角。

所以，角*CBA*、*ABE*的和等於角*CBA*、*ABD*的和。

（公設4和設準1）

由它們中各減去角*CBA*，於是餘下的角*ABE*等於餘

下的角*ABD*。 （設準3）

這時，小角等於大角：這是不可能的。

所以，*BE*和*CB*不在一直線上。

類似地，我們可以證明除*BD*外再沒有其他的直線

和*CB*在同一直線上。

所以，*CB*和*BD*在同一直線上。

證完。

命題15

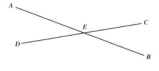

如果兩直線相交，則它們交成的對頂角相等。

設直線*AB*，*CD*相交於點*E*。

則可證角*AEC*等於角*DEB*，且角*CEB*等於角*AED*。

事實上，因為直線*AE*位於直線*CD*上側，而構成角

CEA，*AED*；角*CEA*，*AED*的和等於二直角。

再者，因為直線*DE*位於直線*AB*的上側，構成角

AED，*DEB*；角*AED*，*DEB*的和等於二直角。 （Ⅰ.13）

但是已經證明了角*CEA*，*AED*的和等於二直角。

故角*CEA*，*AED*的和等於角*AED*，*DEB*的和。

（公設4和設準1）

由它們中各減去角AED，則其餘的角CEA等於其餘
的角BED。　　　　　　　　　　　　（設準3）

類似地，可以證明角CEB也等於角DEA。

　　　　　　　　　　　　　　　　　　證完。

〔推論。很明顯，若兩條直線相交，則在交點處所
構成的角的和等於四直角。〕

命題16

在任意的三角形中，若延長一邊，則外角大於任何
個內對角。[⑩]

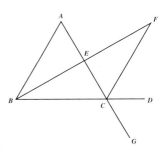

設ABC是一個三角形，延長邊BC到點D。

則可證外角ACD大於內對角CBA，BAC的任何一個。

設AC被二等分於點E，　　　　　　　（Ⅰ.10）

連接BE並延長至點F，使EF等於BE，　　（Ⅰ.3）

連接FC，　　　　　　　　　　　　　（公設1）

延長AC至G。　　　　　　　　　　　（公設2）

那麼，因為AE等於EC，BE等於EF，兩邊AE，EB
分別等於兩邊CE，EF。又角AEB等於角FEC，因為
它們是對頂角。　　　　　　　　　　（Ⅰ.15）

所以底AB等於底FC，且三角形ABE全等於三角形
CFE，餘下的角也分別等於餘下的角，即等邊所對
的角。　　　　　　　　　　　　　　（Ⅰ.4）

所以角BAE等於角ECF。

但是角ECD大於角ECF。　　　　　　　（設準5）

所以角*ACD*大於角*BAE*。

類似地也有，若*BC*被平分，角*BCG*，也就是角

ACD，可以證明大於角*ABC*。　　　　　（Ⅰ.15）

　　　　　　　　　　　　　　　　　　　證完。

【補注】

⑩ 一直到命題**16**之前的所有命題，是平面幾何和球面幾何共享的幾
何性質。在解讀歐基里得的本意時，命題**16**非常關鍵，「外角大
於內對角」對熟悉平面幾何的人似乎很顯然，但這個命題並不是
前面公設、設準和命題的結論。在球面幾何上這個命題是錯的，
但是球面幾何並沒有違反五大公設（請讀者可以好好檢查是哪裡
出錯了）。所以反過來説，透過命題**16**我們才能確定歐基里得的
原意在於描述平面幾何，也因此必須加強平行公設的敘述，這也
是後來數學家會更動公設**5**的原因，以致於後來大家都忘了歐基
里得本來敘述的瑕疵。

命題17

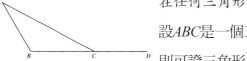

在任何三角形中，任何兩角之和小於兩直角。

設*ABC*是一個三角形。

則可證三角形*ABC*的任何兩個角的和小於二直角。

將*BC*延長至*D*。　　　　　　　　　　（公設2）

於是角*ACD*是三角形*ABC*的外角，它大於內對角

ABC。

把角*ACB*加在它們各邊，則角*ACD*，*ACB*的和大於

角*ABC*，*BCA*的和。

但是角*ACD*，*ACB*的和等於兩直角。　　（Ⅰ.13）

所以，角*ABC*，*BCA*的和小於兩直角。

類似地，我們可以證明角*BAC*，*ACB*的和也小於二

直角；角CAB，ABC的和也是這樣。

證完。

命題18

在任何三角形中大邊對大角。

設在三角形ABC中邊AC大於AB。

則可證角ABC也大於角BCA。

事實上，因為AC大於AB，取AD等於AB， （Ⅰ.3）

連接BD。那麼，因為角ADB是三角形BCD的外角，

它大於內對角DCB。 （Ⅰ.16）

但是角ADB等於角ABD，這是因為，邊AB等於AD。

所以，角ABD也大於角ACB，從而，角ABC比角

ACB更大。

證完。

命題19

在任何三角形中，大角對大邊。

設在三角形ABC中，角ABC大於角BCA。

則可證邊AC也大於邊AB。

事實上，假若不是這樣，則AC等於或小於AB。現在

設AC等於AB；那麼，要角ABC等於角ACB。 （Ⅰ.5）

這是不行的。所以AC不等於AB。

AC也不能小於AB，因為這樣角ABC也小於角ACB。

（Ⅰ.8）

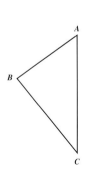

但是，這是不行的。所以，*AC*不小於*AB*，

又證明了一個不等於一個。從而，*AC*大於*AB*。

證完。

命題20

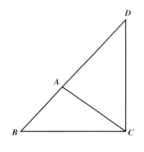

在任何三角形中，任意兩邊之和大於第三邊。

設*ABC*為一個三角形。

則可證在三角形*ABC*中，任何兩邊之和大於其餘一

邊，即

BA，*AC*之和大於*BC*，

AB，*BC*之和大於*AC*，

BC，*CA*之和大於*AB*。

事實上，延長*BA*至點*D*，使*DA*等於*CA*，連接*DC*。

則因*DA*等於*AC*，

角*ADC*也等於角*ACD*；　　　　　　　　　　（Ⅰ.5）

所以，角*BCD*大於角*ADC*。　　　　　　　　（設準5）

由於*DCB*是三角形，它的角*BCD*大於角*BDC*，而且

較大角所對的邊較大。　　　　　　　　　　　　（Ⅰ.19）

所以*DB*大於*BC*。

但是*DA*等於*AC*，

故*BA*，*AC*的和大於*BC*。

類似地，可以證明*AB*，*BC*的和也大於*CA*；*BC*，*CA*

的和也大於*AB*。

證完。

命題21

如果由三角形的一條邊的兩個端點作相交於三角形內的兩條線段，由交點到兩端點的線段的和小於三角形其餘兩邊的和。但是，其夾角大於三角形的頂角。

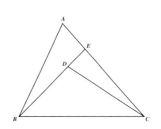

在三角形ABC的一條邊BC上，由它的端點B，C作相交在三角形ABC內的兩條線段BD，DC。

則可證BD，DC的和小於三角形的其餘兩邊BA，AC之和。但是所夾的角BDC大於角BAC。

事實上，可以延長BD和AC交於點E，

這時，因為任何三角形兩邊之和大於第三邊。（Ⅰ.20）

故在三角形ABE中，邊AB與AE的和大於BE。

把EC加在以上各邊；

則BA與AC的和大於BE與EC之和。

又，因為在三角形CED中，

兩邊CE與ED的和大於CD，給它們各加上DB，

則CE與EB的和大於CD與DB的和。

但是已經證明了BA，AC的和大於BE，EC的和，所以BA，AC的和比BD，DC的和更大。

又，因為在任何三角形中，外角大於內對角。（Ⅰ.16）

故在三角形CDE中，

外角BDC大於角CED。

此外，同理，在三角形ABE中也有外角CEB大於角BAC。

但是角BDC已被證明了大於角CEB；

所以，角BDC比角BAC更大。

證完。

命題22

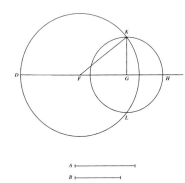

試由分別等於已知三條線段的三條線段作一個三角形：在這樣的三條已知線段中，任二條線段之和必須大於另外一條線段。

設三條已知線段是*A*，*B*，*C*。它們中任何兩條之和大於另外一條。即*A*，*B*的和大於*C*；*A*，*C*的和大於*B*；*B*，*C*的和大於*A*。

現在要求由等於*A*，*B*，*C*的三條線段作一個三角形。

設另外有一條直線*DE*，一端為*D*，而在*E*的方向是無限長。

令*DF*等於*A*；*FG*等於*B*；*GH*等於*C*。　　　（Ⅰ.3）

以*F*為心，*FD*為距離，畫圓*DKL*；又以*G*為心，*GH*為距離，畫圓*KLH*；並連接*KF*，*KG*。

則可證三角形*KFG*就是由等於*A*，*B*，*C*的三條線段所作成的三角形。

事實上，因為點*F*是*DKL*的圓心，*FD*等於*FK*。

但是*FD*等於*A*，故*KF*也等於*A*。

又因點*G*是圓*LKH*的圓心，故*GH*等於*GK*。

但是*GH*等於*C*，故*KG*也等於*C*。

且FG也等於B；

所以三條線段KF，FG，GK等於已知線段A，B，C。

於是，由分別等於已知線段A，B，C的三條線段KF，FG，GK作出了三角形KFG。

作完。

命題23

在已知直線和它上面一點，作一個直線角等於已知直線角。

設AB是已知直線，A為它上面一點，角DCE為已知直線角。

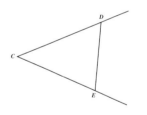

於是求由已知直線AB上已知點A作一個等於給定直線角DCE的角。

在直線CD，CE上分別任意取點D，E，連接DE。

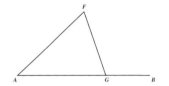

用等於三條線段CD，DE，CE的三條線段作三角形AFG，其中CD等於AF，CE等於AG，DE等於FG。

（Ⅰ.22）

因為兩邊DC，CE分別等於兩邊FA，AG；且底DE等於底FG；角DCE等於角FAG。

（Ⅰ.8）

所以，在已知直線AB和它上面一點A作出了等於已知直線角DCE的直線角FAG。

作完。

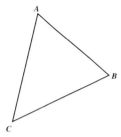

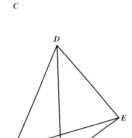

命題24

如果兩個三角形中，一個的兩條邊分別與另一個的
兩條邊相等，且一個的夾角大於另一個的夾角。則
夾角大的所對的邊也較大。

設*ABC*，*DEF*是兩個三角形。

其中邊*AB*，*AC*分別等於兩邊*DE*，*DF*，即*AB*等於
DE，又*AC*等於*DF*。且在*A*的角大於在*D*的角。

則可證底*BC*也大於底*EF*。

事實上，因為角*BAC*大於角*EDF*，在線段*DE*的點*D*
作角*EDG*等於角*BAC*；　　　　　　　　（Ⅰ.23）

取*DG*等於*AC*且等於*DF*，連接*EG*，*FG*。

於是，因為*AB*等於*DE*，*AC*等於*DG*，兩邊*BA*，*AC*
分別等於兩邊*ED*，*DG*。

且角*BAC*等於角*EDG*。所以底*BC*等於底*EG*。　（Ⅰ.4）

又因為*DF*等於*DG*，角*DGF*也等於角*DFG*，　（Ⅰ.5）

所以，角*DFG*大於角*EGF*。

於是角*EFG*比角*EGF*更大。

又因*EFG*是一個三角形，其中角*EFG*大於角*EGF*，
而且較大角所對的邊較大。　　　　　　　　（Ⅰ.19）

邊*EG*也大於*EF*，但是*EG*等於*BC*。

所以，*BC*也大於*EF*。

　　　　　　　　　　　　　　　　　　　　證完。

命題25

如果在兩個三角形中，一個的兩條邊分別等於另一個的兩條邊。則第三邊較大的所對的角也較大。

設ABC，DEF是兩個三角形，其中兩邊AB，AC分別等於兩邊DE，DF。即AB等於DE，AC等於DF；且設底BC大於底EF。

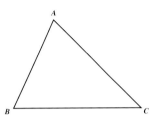

則可證角BAC也大於角EDF。

事實上，如果不是這樣，則角BAC或者等於角EDF或者小於它。

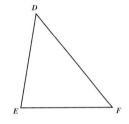

現在角BAC不等於角EDF。否則這時，底BC就會等於底EF，　　　　　　　　　　　　　（Ⅰ.4）

但是，並不是這樣。

所以，角BAC不等於角EDF。

又角BAC也不小於角EDF，

否則這時，底BC也就會小於底EF。　　（Ⅰ.24）

但是，並不是這樣。

所以，角BAC不小於角EDF，

但是已經證明了它們不相等；

從而，角BAC大於角EDF。

　　　　　　　　　　　　　　　　　證完。

命題26

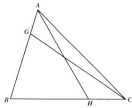

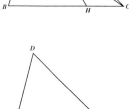

如果在兩個三角形中，一個的兩個角分別等於另一個的兩個角，而且一邊等於另一個的一邊。即或者這邊是等角的夾邊，或者是等角的對邊。則它們的其他的邊也等於其他的邊，且其他的角也等於其他的角。

設ABC，DEF是兩個三角形，其中兩角ABC，BCA分別等於兩角DEF，EFD。即角ABC等於角DEF，且角BCA等於角EFD；又設它們還有一邊等於一邊，首先假定它們是等角所夾的邊，即BC等於EF。則可證它們的其餘的邊也分別等於其餘的邊。即AB等於DE，AC等於DF，且其餘的角也等於其餘的角。即角BAC等於角EDF。

因為，如果AB不等於DE，其中一個大於另一個。

令AB是較大的，取BG等於DE；且連接GC。

則因BG等於DE，且BC等於EF，

兩邊GB，BC分別等於DE，EF；

而且角GBC等於角DEF；所以底GC等於底DF。

又三角形GBC全等於三角形DEF，

這樣其餘的角也等於其餘的角。

即那些與等邊相對的角對應相等。　　　　（Ⅰ.4）

所以角GCB等於角DFE。

但是，由假設角DFE等於角BCA，

所以角BCG等於角BCA。

則小的等於大的：這是不可能的。

所以，*AB*不是不等於底*DE*，

因而等於它，

但是，*BC*也等於*EF*。

故兩邊*AB*，*BC*分別等於兩邊*DE*，*EF*。

且角*ABC*等於角*DEF*。

所以，底*AC*等於底*DF*，

且其餘的角*BAC*等於其餘的角*EDF*。　　　（Ⅰ.4）

再者，設對著等角的邊相等，例如*AB*等於*DE*。

則可證其餘的邊等於其餘的邊，即*AC*等於*DF*且*BC*
等於*EF*，還有其餘的角*BAC*等於其餘的角*EDF*。

事實上，如果*BC*不等於*EF*，其中有一個較大。

設*BC*是較大的，如果可能的話，且令*BH*等於*EF*；
連接*AH*。

那麼，因為*BH*等於*EF*，且*AB*等於*DE*，

兩邊*AB*，*BH*分別等於兩邊*DE*，*EF*。且它們所夾的
角相等。

所以底*AH*等於底*DF*。

而三角形*ABH*全等於三角形*DEF*。

並且其餘的角將等於其餘的角，即那些對等邊的角
相等。　　　　　　　　　　　　　　　　（Ⅰ.4）

所以角*BHA*等於角*EFD*。

但是角*EFD*等於角*BCA*；

於是，在三角形*AHC*中，外角*BHA*等於內對角*BCA*。

這是不可能的。 （Ⅰ.16）

所以BC不是不等於EF，

於是就等於它。

但是AB也等於DE，所以兩邊AB，BC分別等於DE，
EF，而且它們所夾的角也相等。

所以，底AC等於底DF，

三角形ABC全等於三角形DEF，且其餘的角BAC等
於其餘的角EDF。 （Ⅰ.4）

證完。

命題27

如果一直線和兩直線相交所成的錯角彼此相等，則
這二直線互相平行。[11]

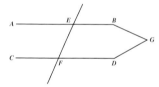

設直線EF和二直線AB，CD相交所成的錯角AEF與
EFD彼此相等。

則可證AB平行於CD。

事實上，若不平行，當延長AB，CD時；它們或者
在B，D方向或者在A，C方向相交，設它們在B，D
方向相交於G。那麼，在三角形GEF中，外角AEF
等於內對角EFG；這是不可能的。 （Ⅰ.16）

所以，AB，CD經延長後在B，D方向不相交。

類似地，可以證明它們也不在A，C一方相交。

但是，二直線既然不在任何一方相交，就是平行。

（定義23）

所以，AB平行於CD。

證完。

【補注】

⑪ 從命題27開始，歐基里得開始處理平行線的各種性質，局部的結論就是命題32「三角形三內角和為180度」。命題27説的是由內錯角相等來判斷兩線平行，這是後面命題31可以用尺規作出平行線的關鍵，注意到在證明中用了有問題的命題16。

命題28

如果一直線和二直線相交所成的同位角⑫相等，或者同側內角的和等於二直角，則二直線互相平行。

設直線EF和二直線AB，CD相交所成的同位角EGB與GHD相等，或者同側內角，即BGH與GHD的和等於二直角。

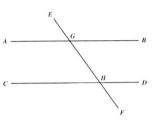

則可證AB平行於CD。

事實上，因為角EGB等於角GHD，這裏角EGB等於角AGH。 （Ⅰ.15）

角AGH也等於角GHD，而且它們是錯角；所以，AB平行於CD。 （Ⅰ.27）

又因角BGH，GHD的和等於二直角，且角AGH，BGH的和也等於二直角。 （Ⅰ.13）

角AGH，BGH的和也等於角BGH，GHD的和。由前面兩邊各減去角BGH；則餘下的角AGH等於餘下的角GHD，且它們是錯角；

所以，AB平行於CD。 （Ⅰ.27）

證完。

⑫ 原文無「同位角」這種叫法，我們將「the exterior angle equal to interior and opposite angle」譯為「同位角相等」。

命題29

一條直線與兩條平行直線相交，則所成的內錯角相等，同位角相等，且同側內角的和等於二直角。⑬

設直線EF與兩條平行直線AB，CD相交。

則可證錯角AGH，GHD相等；同位角EGB，GHD相等；且同側內角BGH，GHD的和等於二直角。

事實上，若角AGH不等於角GHD，設其中一個較大，設角AGH是較大的。給這二個角都加上角BGH，則角AGH，BGH的和大於角BGH，GHD的和。

但是角AGH，BGH的和等於二直角，　　　（Ⅰ.13）

故角BGH，GHD的和小於二直角，

但是將二直線無限延長，則在二角的和小於二直角這一側相交。　　　　　　　　　　　　　（公設5）

所以，若無限延長AB，CD，則必相交，但它們不相交。因為，由假設它們是平行的。故角AGH不能不等於角GHD，即它們相等。

又，角AGH等於角EGB。　　　　　　　　（Ⅰ.15）

所以，角EGB也等於角GHD。　　　　　　（設準1）

給上面兩邊各加角BGH，則角EGB，BGH的和等於角BGH，GHD的和。　　　　　　　　　　　（設準2）

但角*EGB*，*BGH*的和等於二直角，　　　　（Ⅰ.13）

所以，角*BGH*，*GHD*的和等於二直角。

證完。

【補注】

⑬ 命題29是《原本》裏第一次出現平行公設的地方，用來證明平行線各類截角的基本性質，不過前提是平行線要真的存在，這就牽涉到命題31。

命題30

一些直線平行於同一條直線，則它們也互相平行。

設直線*AB*，*CD*的每一條都平行於*EF*。

則可證*AB*也平行於*CD*。

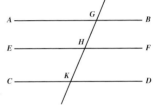

　因為可設直線*GK*和它們相交，這時，因為直線*GK*和平行直線*AB*，*EF*都相交，角*AGK*等於角*GHF*。

（Ⅰ.29）

又因為，直線*GK*和平行直線*EF*，*CD*相交，角*GHF*等於角*GKD*。　　　　　　　　（Ⅰ.29）

但是已經證明了角*AGK*也等於角*GHF*；所以，角*AGK*也等於角*GKD*；　　　　　　（設準1）

且它們都是錯角。

所以，*AB*平行於*CD*。

證完。

命題31

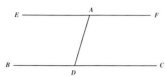

過一已知點作一直線平行於已知直線。[14]

設A是一已知點，BC是已知直線。於是，要求經過這A作一直線平行於直線BC。

在BC上任意取一點D，連接AD；在直線DA上的點A，作角DAE等於角ADC。　　　　　　（Ⅰ.23）

而且設直線AF是直線EA的延長線。

這樣，直線AD就和兩條直線BC，EF相交成彼此相等的錯角EAD，ADC。

所以EAF平行於BC。　　　　　　　　　　（Ⅰ.27）

從而，經過已知點A作出了一條平行於已知直線BC的直線EAF。

　　　　　　　　　　　　　　　　　　作完。

【補注】

[14] 結合公設5，可以知道本命題中所作的平行線是唯一的。這個「過線外一點可作為一平行直線」的敘述稱為Playfair公設，經常被當做平行公設的替代敘述，刻畫了平面幾何的特性。在非歐幾何的兩個類型中，球面幾何（或更精確的「橢圓幾何」）上不存在平行線；而在雙曲幾何中，過線外一點可作無窮多條平行線。

命題32

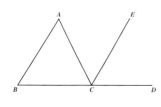

在任意三角形中，如果延長一邊，則外角等於二內對角的和，而且三角形的三個內角的和等於二直角。

設ABC是一個三角形，延長其一邊BC至D。

則可證外角ACD等於兩個內對角CAB，ABC的和且三

角形的三個內角ABC、BCA、CAB的和等於二直角。

事實上，過點C作平行於直線AB的直線CE。（I.31）

這樣，由於AB平行於CE，且AC和它們同時相交，

其錯角BAC，ACE彼此相等。　　　　　　　　（I.29）

又因為AB平行於CE，且直線BD同時和它們相交，

同位角ECD與角ABC相等。　　　　　（I.29）

但是已經證明了角ACE也等於角BAC；

故整體角ACD等於兩內對角BAC、ABC的和。

給以上各邊加上ACB。

於是角ACD，ACB的和等於三個角ABC，BCA，CAB的和。

但角ACD，ACB的和等於二直角，　　　　（I.13）

所以，角ABC，BCA，CAB的和也等於二直角。

　　　　　　　　　　　　　　　　　　證完。

（未完，第一卷共有48個命題）⑮

【補注】

⑮ 由於篇幅限制，底下大致說明第一卷後面命題33至命題48的主要意義。從命題的安排，可以看出第一卷的目標應該是要證明命題47—畢氏定理。在1.0附錄中已經說明歐基里得利用正方形面積的關係證明畢氏定理，因此關鍵的工具是三角形的面積公式。

但古希臘數學的特色是一切都幾何化，並沒有算術式或代數式，因此面積公式本身需要轉化成幾何的語言來敘述，例如同底等高的兩三角形面積相等，在《原本》中命題37的敘述方式是：「在同底上且在兩相同平行線間的三角形彼此相等。」其中「三角形相等」的意思是兩三角形面積相等（不要跟全等的概念混淆了）；而「在兩相同平行線間」則是等高的意思。這樣讀者應該可以理解命題41「若一平行四邊形和一三角形既同底又在兩平行線之間，則平行四邊形是三角形的兩倍。」的意思，這是畢氏定理直接引用的命題。這樣也可以明白為什麼從命題27開始，歐基里得局部上要處理這麼多關於平行線的命題了。

這本書的譜系：與《原本》有關的著作
Related Reading

文：翁秉仁

《蒂邁歐斯篇》

作者：柏拉圖　　年代：公元前四至公元前五世紀

柏拉圖關於數學與邏輯之議題散見各對話錄，談論物理世界的《蒂邁歐斯篇》尤多這方面的題材，包括宇宙學、畢氏音階、柏拉圖物體、黃金分割等。柏拉圖將地水火風四種元素加上以太，和五種柏拉圖物體相對應，可以視為將物理學幾何化的開端。有人相信歐基里得著《原本》，目的就是要討論柏拉圖物體，因此將它擺在《原本》的最後，而其書名則是「元素」的意思。

《工具論》

作者：亞里斯多德　　年代：公元前四世紀

古希臘人雅好思考辯論，重視思維規律，亞里斯多德深入此課題，發展出完備的邏輯哲學。其邏輯著作包括《範疇篇》、《解釋篇》、《前分析篇》、《後分析篇》、《論辯篇》、《辯謬篇》，可能是他的漫步學院中使用的講義，後人再集錄為《工具論》。歐幾里得不曾直接受到這些著作的影響，但是《工具論》中談到定義和證明的工具，顯然在《原本》中得到最佳的印證，共同反映了希臘思想的偏好與深度。

《圓錐曲線論》

作者：阿波羅尼斯　　年代：公元前三世紀

阿波羅尼斯據說曾經到過亞歷山卓，受教於歐基里得的弟子，學習歐基里得撰寫《原本》的心法。他最重要的著作《圓錐曲線論》，服膺《原本》的體例，也是數學史早期重要的著作與教科書，其中有他個人的創見，也有前人（包括歐基里得）的心得。所謂圓錐曲線就是高中數學中的二次曲線，包括橢圓、拋物線與雙曲線，擴展了古希臘的幾何題材，影響及於托勒密、克卜勒、笛卡兒、牛頓。

《幾何原本》

譯者：利瑪竇、徐光啟　　年代：1607年（明）

徐光啟是明末進士，也是中國最早的天主教徒之一。他從利瑪竇習西學，後因覺得「此書未譯，則他書不可得論」，於是和利瑪竇合譯《原本》前六卷，他們翻譯的是利瑪竇的老師格拉維（Clavius）的十五卷本。《原本》後面各卷的中譯本，要等到1857年清末，由李善蘭和英國傳教士偉烈亞力譯出。

《歐幾里得完美無瑕》

作者：薩契里　　年代：1733年

《原本》的平行公設由於較不直觀，許多人試圖證明這個公設是多餘的，或者以更直觀的公設取代它。薩契里在本書中採取另一個策略，假設平行公理是錯的，希望由此推得矛盾，從而證明平行公設必須為真。後人發現他的矛盾只是違反直覺，不是真正的矛盾，反而為非歐幾何敞開大門。波斯數學家奧瑪嘉音在1077年的《論歐幾里得公設之困難》已發展類似的想法，但不知是否影響西方數學界。

《純粹理性批判》

作者：康德　　年代：1781年

康德認為人的經驗並非素樸的感官資料，必須先透過時空直觀與範疇的加工，因此人不是從經驗中抽象出空間的概念，而是先有空間直觀才能有經驗。於是幾何知識乃是基於直觀而構造出來的先驗綜合命題，康德以此論證《原本》命題的真理性。日後非歐幾何與廣義相對論的發展，被視為康德學說的致命一擊。如今康德學說重新受到認知科學的重視，外在宇宙空間也許是非歐幾何，但人的認知經驗卻運用了歐氏幾何，這說明為何平行公設在直觀上易於接受。

《論幾何原理》　　作者：羅巴切夫斯基　年代：1829年

《試向好學青年介紹純數學原理》之《附錄》　　作者：鮑雅伊　年代：1832年

否定《原本》的平行公設，羅巴切夫斯基和鮑雅伊獨立發展出非歐幾何，證明了非歐幾何的許多定理，和歐氏幾何很不一樣。例如在這種幾何，三角形內角和小於180度；過線外一點有許多與該線平行的平行線。不過在歐氏幾何當道的時代，他們的道路並不順遂，羅巴切夫斯基一生僻居卡山，鮑雅伊終生只出版父親書中的附錄。據說高斯比他們更早發現非歐幾何，但侷限於當時風氣也放棄出版。

《幾何基礎》

作者：希爾伯特　　年代：1899年

十九世紀後數學嚴格性的要求益增，本來作為數學嚴格典範的《原本》也受到批評，希爾伯特因此重新鑄造幾何嚴謹的基礎。本書作為形式主義之前驅，發展了現代公設法。過去數學符號雖然抽象，但仍與現實世界有根本聯繫；自現代公設法後，數學系統只求一致無矛盾，將外在世界僅視為系統之可能解釋。例如歐幾里得努力定義點、線、面的意義，但希爾伯特將它們視為無定義名詞。現代公設法與形式主義直接促進了二十世紀純數學觀點的發展。

《數理原理》

作者：羅素、懷德海　　年代：1910年～1913年

《數理原理》是十九世紀數學嚴格化運動的果實，數學邏輯主義扛鼎之作。作者運用《原本》的公設法，展示數學是邏輯的推理結果，因此如果邏輯是真理，數學也必然是真理，徹底解決數學真理性的問題。作者在書中充分使用弗列格的數理邏輯系統，證明基本如"1＋1＝2"的命題。但是為了解決羅素自己發現的「羅素悖論」，他們必須採用繁瑣的類型論與化約公設，也造成這部著作的致命傷。

《〈數理原理〉與相同系統中的形式不可判定命題》

作者：哥德爾　　年代：1930年

在數學哲學的邏輯主義、形式主義、集合論者的推波助瀾下，源於《原本》的公設法成為數學發展的主流。哥德爾是當時少數詳讀《數理原理》的專家，他在公設方法高張的二十世紀初期，投下了一顆震撼彈。哥德爾證明像《原本》這種夠豐富的公設系統，如果沒有矛盾的話，其中一定有些命題，不是該系統的公設可以證明的。哥德爾不完備定理是二十世紀最發人深省的哲學成果之一。

延伸的書、音樂、影像
Books, Audios & Videos

《歐幾里得幾何原本》

譯者：藍紀正、朱恩寬　　出版社：九章，1992年

本書譯者群在翻譯《原本》之前，先就相關文章、譯注等資料比較了眾多的外文版本，並且根據眾多專家學者的意見進行逐章逐節的討論，斟酌相關譯名的使用並深入了解修正，可說是相當詳細深入的《原本》中文翻譯。

《幾何原本導讀》

作者：梁子傑　　出版社：九章，2005年

本書目的在於引導讀者閱讀《原本》的方法，引述《原本》第一卷的內容，詳細地討論其中的證明方法，在數學史上的意義與有趣之處。並且簡略地介紹幾何學的發展歷史以及《原本》其餘各卷的內容。

《歐幾里得在中國：漢譯幾何原本的源流與影響》

作者：安國風　譯者：紀志剛、鄭誠、鄭方磊　　出版社：中國江蘇人民，2008年

本書關注晚明社會學術思潮變化的背景，凸顯《原本》作為外來文化的特點，詳細探討歐氏幾何在中國傳播的因果，並且藉由文獻的考究引證，以及相關人物著作的分析，呈現了明清時代中國傳統數學思想的改變歷程。

《數學的誕生：古代—1300年》

作者：布拉德利　　出版社：上海科學技術文獻，2008年

本書介紹了十位重要的數學家生平及其偉大成就，包括對於歐基里得的事蹟與其學說的簡介，並且指出歐式幾何所受到的批評，以及歐基里得其他著作的介紹和說明。透過對於數學家形象的生動描繪，讓讀者更能親近這些發展出偉大定理的數學先驅。

《經典幾何》

作者：沈純理等　　出版社：中國科學，2004年

本書以「幾何基礎」和「射影幾何」為兩大部分。前者從介紹歐基里得的《原本》出發，了解幾何概念的淵源沿革，以及當時已達到的成就。「射影幾何」的重點是對仿射幾何等幾種重要的經典幾何加以詳盡分析，釐清其不同的特質。

《雨林中的歐幾里德：一部故事化的數學簡史》

作者：約瑟夫・馬祖爾　　出版社：中國 重慶，2006年

公元前300年，歐基里得在十三卷羊皮紙上寫下了《幾何原本》，那時邏輯推理已經相當成熟，然而之後關於數理邏輯的論辯卻也時常以詭異的疑問出現。本書透過數學證明和數理邏輯的形式，洞見數學的本源，深入數學思想和邏輯思維的基本模式，解析奇妙的數理邏輯。

《歐幾里得之窗──從平行線到超空間的幾何學故事》

作者：李奧納多・曼羅迪諾　　出版社：究竟，2002年

本書是幾何學的入門書，帶領讀者從希臘的平行線觀念進展到超空間的概念，透過歐基里得、笛卡兒、高斯、愛因斯坦及維敦五位劃時代的重要科學家，深入淺出地介紹幾何學史上的革命性發展。

《世界名人百科──深度看世界》

在其「知識探索系列I」裏，介紹了九位科學家及其帶給社會的重大影響，其中包括對於歐基里得生平事蹟的描述，與其思索、撰寫《原本》的背景與歷程。透過影像的呈現，更能深入了解歐基里得所成長的年代與氛圍。

經典3.0
ClassicsNow.net

沒有王者之路 幾何原本

原著：歐基里得
導讀：翁秉仁
2.0繪圖：AKIBO

策畫：郝明義
主編：冼懿穎
美術設計：張士勇
編輯：張瑜珊
圖片編輯：陳怡慈
美術：倪孟慧 戴妙容
邊欄短文寫作：翁秉仁
3.0原典選讀譯文：藍紀正、朱恩寬
校對：呂佳真

感謝北京故宮博物院對本書之圖片內容提供特別支持與協助

企畫：網路與書股份有限公司
出版者：大塊文化出版股份有限公司
台北市10550南京東路四段25號11樓
www.locuspublishing.com
讀者服務專線：0800-006689
TEL：886-2-87123898　　　FAX：886-2-87123897
郵撥帳號：18955675
戶名：大塊文化出版股份有限公司
法律顧問：全理法律事務所董安丹律師

總經銷：大和書報圖書股份有限公司
地址：台北縣新莊市五工五路2號
TEL：886-2-8990-2588
FAX：886-2-2290-1658
製版：瑞豐實業股份有限公司
初版一刷：2011年1月
定價：新台幣220元
Printed in Taiwan

沒有王者之路：幾何原本 / 歐基里得原著；
　　　翁秉仁導讀；Akibo繪圖.
　　-- 初版. -- 臺北市：大塊文化, 2011.01
　　　面；　公分. --（經典 3.0；18）
　　　ISBN　978-986-213-225-8（平裝）

1.歐幾里德幾何

316　　　　　　　　　　　　99025259